内蒙古自治区科学技术协会科普作品专项资助

# 马铃薯病虫害的识别与防治

主 编 徐利敏

副主编 张 俊 程玉臣 赵远征 郭景山

内蒙古人民出版社

### 图书在版编目（CIP)数据

马铃薯病虫害的识别与防治/徐利敏主编.—呼和浩特：内蒙古人民出版社，2020.12 (2021.12重印）

ISBN 978-7-204-16501-8

I.①马··· II.①徐··· III.马铃薯—病虫害防治 ②马铃薯—除草 IV.①S435.32 ②S451.22

中国版本图书馆CIP数据核字（2020）第221773号

## 马铃薯病虫害的识别与防治

| | |
|---|---|
| 主　　编 | 徐利敏 |
| 副 主 编 | 张　俊　程玉臣　赵远征　郭景山 |
| 责任编辑 | 刘智聪 |
| 装帧设计 | 齐林梅 |
| 出版发行 | 内蒙古人民出版社 |
| 社　　址 | 呼和浩特市新城区中山东路8号波士名人国际B座5楼 |
| 印　　刷 | 内蒙古思科赛美好印刷有限公司 |
| 开　　本 | 710mm×1000mm　1/16 |
| 印　　张 | 13.5 |
| 字　　数 | 150千 |
| 版　　次 | 2021年1月第1版 |
| 印　　次 | 2021年12月第4次印刷 |
| 印　　数 | 11001-13000 |
| 书　　号 | ISBN 978-7-204-16501-8 |
| 定　　价 | 35.00元 |

如出现印刷质量问题，请与我社联系。联系电话：（0471)3946120

内蒙古自治区科学技术协会科普作品专项资助

# 马铃薯病虫害的识别与防治

## 编委会

主　　编：徐利敏

副 主 编：张　俊　　程玉臣　　赵远征　　郭景山

参编人员：白艳菊　　孔庆全　　何　萍　　胡　俊
　　　　　蒙美莲　　巩秀峰　　李国清　　贾瑞芳
　　　　　李玉民　　段　玉　　李志平　　杜　磊
　　　　　周洪友　　赵　君　　王　东　　高立东
　　　　　张翔宇　　尹玉和　　王金荣　　张　强
　　　　　邢　杰　　陈景莲　　申集平　　赵玉平
　　　　　郝玉莲　　张晓虹　　刘　斌　　郭斌煜
　　　　　范　霞　　肖皓文　　李利平　　谢　锐
　　　　　常志平　　张少华　　张　君　　郑瑞玲
　　　　　刘　展　　王　平　　韩志刚　　郭小刚
　　　　　贺有权　　林团荣　　刘春梅　　扎宏珠
　　　　　黄　硕　　戎素平　　郭晓晴　　李　艳

马铃薯病虫害的识别与防治

# 序

马铃薯是内蒙古自治区的优势特色作物,其种植面积目前在玉米、大豆之后,位居各种作物的第三位。2015年开始推行的马铃薯主粮化战略更为内蒙古马铃薯产业发展带来了新的契机。内蒙古具有适宜马铃薯生长的各种有利气候与土壤条件,然而由于马铃薯种植面积大,连作问题突出,使得马铃薯病虫草害发生日益加重,严重制约了内蒙古马铃薯产业的健康发展。同时,由于广大种植户对于马铃薯病虫草害的相关科学知识了解不足、病虫草害诊断不准确、防治技术不科

学,导致农药使用效率低,防治效果差。过量施用化学农药造成马铃薯品质下降,而且带来了环境污染。

  为了减少马铃薯病虫草害带来的经济损失,内蒙古自治区农牧业科学院马铃薯病虫草害研究团队及相关人员编写了《马铃薯病虫害的识别与防治》一书。该书系统地介绍了现有的马铃薯病虫草害种类与防治技术,内容简明扼要,图文并茂,通俗易懂,实用性强,对提高广大薯农对马铃薯病虫草害识别与防治水平具有重要的指导意义,同时也对马铃薯从业人员具有很好的参考价值。

内蒙古自治区农牧业科学院

研究员

2020年12月

马铃薯在世界农业经济中起着举足轻重的作用。中国马铃薯种植面积和总产量均居世界第一。2019年,我国马铃薯种植面积达到478.95万公顷(FAO统计数据,下同),比排名紧随其后的其他三个国家(印度218.4万公顷、乌克兰131.45万公顷、俄罗斯118.23万公顷)的总和(468.08万公顷)还要高出10.87万公顷。2019年,中国马铃薯生产总量为9193.8万吨,占全球产量的24.91%,远高于排名第二的印度(13.34%)。

然而我国马铃薯的单位面积平均产量水平却远远落后于其他发达国家。中国的马铃薯总产量是美国的三倍以上,但平均单产却仅仅为美国的1/3。美国马铃薯平均单产稳定在46吨/公顷以上,远高于中国的17吨/公顷。

即使与同为发展中国家的印度(22吨/公顷~23吨/公顷)相比,中国仍有差距。同时,中国马铃薯消费主要靠内需拉动,与其他马铃薯生产大国相比,国际竞争力较弱,市场占有率低。如何进一步提升中国马铃薯的国际竞争力,促进马铃薯产业稳定健康发展,是亟待解决的难题,也是今后努力的方向。

近年来,我国的马铃薯科学种植水平快速提高,但在马铃薯病虫草害防治方面的问题仍然比较突出。在国家战略的指导下,中国马铃薯产业逐步发展壮大,国际市场占有率、比较优势、出口价格均呈现上升态势。在马铃薯种植方面,品种不断更新,栽培管理技术水平迅速提升,马铃薯

单产量有了大幅的提高。然而,当前马铃薯种植管理中存在的一些问题仍需高度重视,例如,随意加大化肥用量,导致土壤板结、盐渍化;轮作倒茬不合理,导致土壤营养失衡、土壤恶化、土传病害加重;对病虫草害防治没有预防意识,不能做到对症施药;随意加大用药量;滥用生长调节剂等。尤其是病虫草害为害马铃薯的产量和质量,病毒病、晚疫病、早疫病、环腐病等常发病害一般可导致马铃薯减产10%~50%,严重的甚至导致绝收。马铃薯病虫草害导致巨大的经济损失,严重制约着马铃薯产业的发展。

内蒙古自治区农牧业科学院徐利敏、张俊、程玉臣、赵远征等专家联

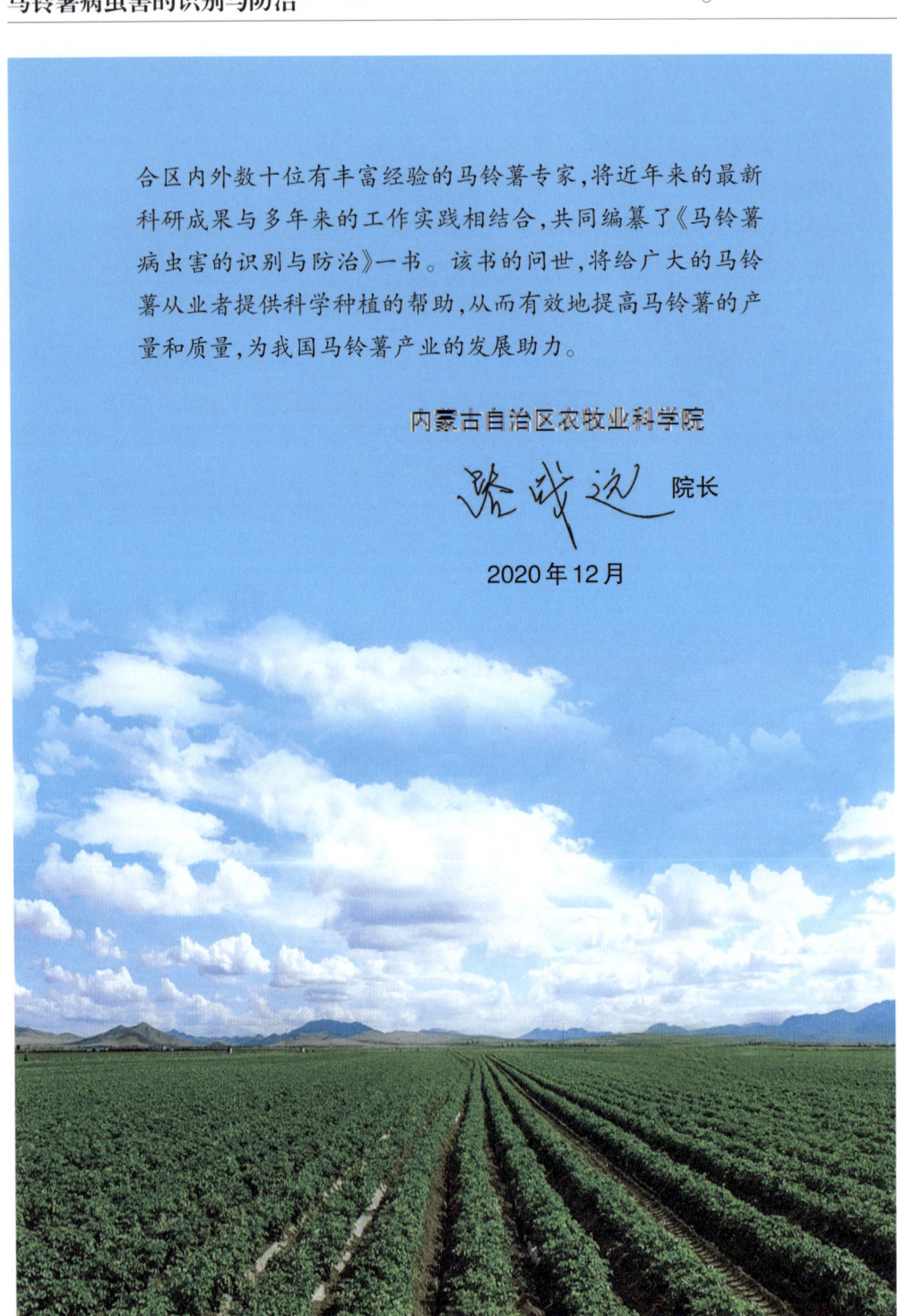

合区内外数十位有丰富经验的马铃薯专家,将近年来的最新科研成果与多年来的工作实践相结合,共同编纂了《马铃薯病虫害的识别与防治》一书。该书的问世,将给广大的马铃薯从业者提供科学种植的帮助,从而有效地提高马铃薯的产量和质量,为我国马铃薯产业的发展助力。

内蒙古自治区农牧业科学院

路战远 院长

2020年12月

# 前言

据统计,马铃薯病虫草害多达300余种,常见的可造成重大危害的就有十余种。一般情况下,马铃薯生产中病虫草害发生率平均达25%左右,严重时可达70%以上,可导致马铃薯产量降低、品质下降,造成巨大的经济损失。近年来,马铃薯病虫草害防治技术水平有了较大的提高,但每年的平均产量损失仍在10%以上,严重的可达30%~50%,甚至绝收。

随着马铃薯产业的迅速发展,品种更新,栽培模式改变,马铃薯病虫草害的种类和为害规律也发生了很大的变化。为了提高广大从业人员对马铃薯病虫草害的识别能力,促进科学有效防治,减少经济损失,我们组织相关人员,围绕内蒙古马铃薯生产中的病虫草害,以"马铃薯化肥农药'双减'技术模式创建与示范"(内蒙古自治区应用技术研究与开发资金项目:201802071)、"马铃薯主要病虫草害防控及农药减施技术示范与推广"(内蒙古自治区财政厅农牧业科技推广示范项目:2016-2020TG02)、"特色作物田杂草控制技术研究"(内蒙古农牧业创新基金：2013CXJJN13)、"马铃薯枯萎病综合防控技术研究"(内蒙古农牧业创新基金：2016CXJJN5)等项目的研究成果和内蒙古自治区农牧业科学院植保所长期承担的中华人民共和国农业部药检所药效登记试验的研究基础，结合马铃薯产业技术体系部分专家的相关研究成果，在内蒙古自治区科学技术协会的支持下，编写了《马铃薯病虫害的识别与防治》一书，希望为广大马铃薯生产者和相关从业人员提供参考。

书中介绍了马铃薯病毒病病害6种、真菌病害12种、细菌病害7种、线虫病害4种、生理性病害17种、虫害13种、杂草21种、马铃薯肥害药害及其他22种，一一列出了识别和防治方法，并配有直观的图片。由于编者水平有限，时间仓促，书中疏漏在所难免，敬请广大读者批评指正。

《马铃薯病虫害的识别与防治》编委会
2020年12月

# 目录 CONTENTS

**第一章 马铃薯病害** ……………………………………001
  第一节 马铃薯病毒病 …………………………………001
    1. 马铃薯普通花叶病 …………………………………001
    2. 马铃薯重花叶病 ……………………………………002
    3. 马铃薯脉间花叶病 …………………………………006
    4. 马铃薯卷叶病 ………………………………………008
    5. 马铃薯潜隐花叶病 …………………………………010
    6. 马铃薯A病毒病 ……………………………………012
    马铃薯病毒病防治方法 ………………………………014
  第二节 马铃薯真菌性病害 ……………………………015
    7. 马铃薯早疫病 ………………………………………015
    8. 马铃薯晚疫病 ………………………………………017
    9. 马铃薯枯萎病 ………………………………………023
    10. 马铃薯干腐病 ………………………………………026
    11. 马铃薯炭疽病 ………………………………………028

12. 马铃薯黄萎病 …………………………………………031

13. 马铃薯癌肿病 …………………………………………034

14. 马铃薯黑痣病 …………………………………………036

15. 马铃薯粉痂病 …………………………………………039

16. 马铃薯灰霉病 …………………………………………043

17. 马铃薯褐叶斑病 ………………………………………046

18. 马铃薯尾孢菌叶斑病 …………………………………048

第三节 马铃薯细菌性病害 …………………………………051

19. 马铃薯黑胫病 …………………………………………051

20. 马铃薯茎基腐病 ………………………………………053

21. 马铃薯气生茎腐病 ……………………………………056

22. 马铃薯软腐病 …………………………………………059

23. 马铃薯环腐病 …………………………………………062

24. 马铃薯疮痂病 …………………………………………064

25. 马铃薯青枯病 …………………………………………068

第四节 马铃薯线虫病 ………………………………………070

26. 马铃薯茎线虫病 ………………………………………070

27. 马铃薯胞囊线虫病 ……………………………………073

28. 马铃薯根腐线虫病 ……………………………………075

29. 马铃薯根结线虫病 ……………………………………078

第五节 马铃薯生理性病害 …………………………………………080

 30. 缺氮 ……………………………………………………………080

 31. 缺磷 ……………………………………………………………082

 32. 缺钾 ……………………………………………………………085

 33. 缺钙 ……………………………………………………………089

 34. 缺镁 ……………………………………………………………091

 35. 缺硫 ……………………………………………………………093

 36. 缺硼 ……………………………………………………………095

 37. 缺锰 ……………………………………………………………097

 38. 缺锌 ……………………………………………………………099

 39. 缺铁 ……………………………………………………………101

 40. 缺钼 ……………………………………………………………104

 41. 高温病 …………………………………………………………105

 42. 空心病 …………………………………………………………108

 43. 黑心病 …………………………………………………………109

 44. 二次生长 ………………………………………………………111

 45. 生理性裂口 ……………………………………………………113

 46. 六月病 …………………………………………………………116

**第二章 马铃薯虫害** …………………………………………………118

 47. 蛴螬 ……………………………………………………………118

48. 金针虫 ···················································· 123

49. 地老虎 ···················································· 125

50. 芫菁 ······················································ 127

51. 蝼蛄 ······················································ 133

52. 蚜虫 ······················································ 135

53. 二十八星瓢虫 ············································ 138

54. 双斑长跗萤叶甲 ·········································· 142

55. 草地螟 ···················································· 144

56. 马铃薯块茎蛾 ············································ 147

57. 大青叶蝉 ·················································· 151

58. 蓟马 ······················································ 154

59. 种蝇 ······················································ 157

## 第三章　马铃薯杂草 ···································· 162

### 第一节　一年生禾本科杂草 ························· 162

60. 狗尾草 ···················································· 162

61. 稗草 ······················································ 163

62. 小画眉草 ·················································· 163

63. 野黍 ······················································ 164

64. 野燕麦 ···················································· 164

65. 马唐 ······················································ 165

### 第二节　多年生禾本科杂草 ························· 165

66. 芦草 …… 165

67. 白茅 …… 165

68. 赖草 …… 166

第三节 一年生阔叶杂草 …… 166

69. 藜 …… 166

70. 反枝苋 …… 167

71. 马齿苋 …… 167

72. 卷茎蓼 …… 168

73. 蒺藜 …… 168

74. 苍耳 …… 169

75. 龙葵 …… 169

76. 野荞麦 …… 170

77. 萹蓄 …… 171

第四节 多年生阔叶杂草 …… 171

78. 苣荬菜 …… 171

79. 田旋花 …… 172

80. 打碗花 …… 172

第五节 马铃薯杂草防除 …… 173

## 第四章 马铃薯肥害及其他 …… 176

81. 倒春寒 …… 176

82. 大量元素过量 …… 176

83. 氮肥烧根 …… 177
84. 侧枝萎蔫 …… 178
85. 顶枝萎蔫 …… 178
86. 氨气灼伤 …… 179
87. 2,4-D丁酯药害 …… 180
88. 嗪草酮药害 …… 181
89. 百草枯药害 …… 182
90. 伪劣砜嘧磺隆药害 …… 183
91. 莠去津残留药害 …… 183
92. 草铵膦药害 …… 184
93. 二氯喹啉酸残留药害 …… 184
94. 氟磺胺草醚残留药害 …… 184
95. 砜喹嗪草酮药害 …… 186
96. 甜菜除草剂残留药害 …… 187
97. 冰雹 …… 189
98. 激素药害 …… 190
99. 夏坡地低温障碍 …… 191
100. 雷击 …… 192
101. 日灼 …… 193
102. 苯达松药害 …… 194

**附录（国家农业部药检所部分马铃薯登记农药名录）** …… 195

# 第一章 马铃薯病害

## 第一节 马铃薯病毒病

### 1. 马铃薯普通花叶病

**病原**

马铃薯X病毒(Potato virus X,PVX)

**病害症状**

依该病毒株系、马铃薯品种和环境条件的互相作用,其症状反应不同。常见的症状为轻型花叶,即感病的马铃薯植株生长发育正常,叶片平展,只在病株的中上部叶片颜色表现浓淡不一的轻微花叶症或斑驳花叶症,而斑驳花叶常沿叶脉发展,有时在叶片褪绿部位上产生坏死斑点。其症状反应与气候条件有密切关系,当气温在18摄氏度时,在阴天将叶片迎光透视,则易见黄绿色相间的轻花叶或斑驳花叶症状;当气温高或低,其症状易潜隐。PVX的强毒系列(PVX-S)侵染某些品种时,还会引起叶片皱缩。

图1-1 PVX引起的马铃薯轻花叶前期症状

图1-2 PVX引起的马铃薯轻花叶后期症状

**2. 马铃薯重花叶病**

**病原**

马铃薯Y病毒(Potato virus Y, PVY)

**病害症状**

常依株系、品种、症状有五种：无症状、花叶、花皱叶、条斑花叶、条斑垂叶坏死。敏感品种一般在病株叶片背面叶脉、叶柄及茎上均出现黑褐色条斑坏死，而且叶片、叶柄及茎部均易脆折，感病初期病株的中上部叶片呈现轻皱斑驳花叶，或伴有褐枯斑。病株的生育中后期，其叶片由下至上干枯而不脱落，呈垂叶坏死症，其顶部叶片常出现失绿斑驳花叶或轻皱缩花叶。当PVY与PVX两种病毒复合侵染时，病毒叶片出现重皱缩花叶，病株生长缓慢，表现矮化和很难开花，易在生育中期枯死。而在其他马铃薯品种中，克新2号品种植株感病后只表现花叶症，病株生长势中等；艾皮库克(Epicure)品种植株感病后呈花皱叶症，病株生长势弱势；阿米赛尔(Amsel)品种植株虽然已感病，但无症状，经病毒鉴定含毒，是PVY的带毒体。由此看出马铃薯品种的遗传抗病特性的重要性。

图2-1 PVY病毒引起的植株花叶

图2-2 PVY病毒引起的植株点坏死

图2-3 PVY病毒引起的植株叶脉坏死

图2-4 PVY病毒引起的植株系统坏死

图2-5 PVY病毒引起的植株皱缩花叶

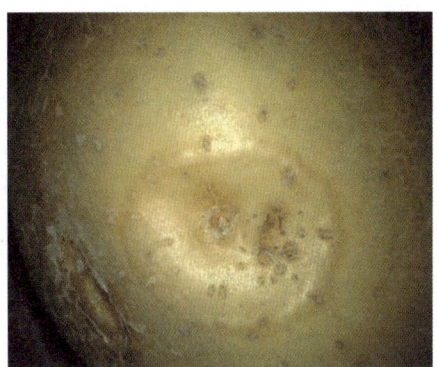

图2-6 PVY病毒的块茎症状

图2-7 PVY病毒的块茎症状

### 3.马铃薯脉间花叶病

**病原**

马铃薯M病毒(Potato virus M,PVM)

**病害症状**

株系、品种不同,症状也有一定差异。其强株系侵染后,马铃薯幼苗期小叶表面带有油脂状光泽,同时小叶迅速开始向下卷曲,叶背出现条斑坏死,随着马铃薯生长发育,产生明显花叶,叶片严重变形,发展至全株叶片均向下卷曲,下部叶片出现不规则的坏死斑点,并很快黄化至枯干,枯叶下垂现象似PVY的重垂叶坏死症,病株严重萎蔫和矮化,其株高只相当于健株的1/3高度,叶背向卷曲状似马铃薯卷叶病毒(PLRV)。PVM的弱株系侵染马铃薯后,常引起病株小叶脉间花叶、小叶尖端稍扭曲,叶缘呈波状,病株顶叶有些卷叶叶面表现光泽。

图3-1 马铃薯脉间花叶(PVM)发病初期小叶脉间花叶

图3-2 马铃薯脉间花叶(PVM)病叶尖端扭曲,叶缘波状

图3-3 马铃薯脉间花叶病导致的植株矮化

## 4.马铃薯卷叶病

**病原**

马铃薯卷叶病毒(Potato leaf roll virus,PLRV)

**病害症状**

当年初次浸染的症状,主要表现为病株顶部的幼嫩叶片直立变黄,小叶沿中脉向上卷曲,小叶基部着有紫红色。续发性为二次侵染(即用上年PLRV初侵染块茎,在下年做种再发病),侵染的病株症状表现为全植株病状较为严重,一般在马铃薯现蕾期以后,病株叶片由下部至上部沿叶片中脉卷曲,呈匙状,叶肉变脆呈革质化,叶背有时出现紫红色,上部叶片褪绿,重者全株叶片卷曲,整个植株直立矮化。块茎变瘦小,薯肉呈现锈色网纹斑。初侵染病株减产程度小于继发性侵染病株。

图4-1 马铃薯卷叶病顶部轻微卷叶

图4-2 马铃薯卷叶病重度卷叶

图4-3 马铃薯卷叶病(次侵染矮化)

图4-4 马铃薯卷叶病病薯

## 5. 马铃薯潜隐花叶病

**病原**

马铃薯S病毒（Potato virus S，PVS）

**病害症状**

感病植株的典型病症是叶脉下凹，叶片皱缩，叶尖微向下弯曲，叶色变浅，轻度垂叶，植株呈开散状。但因马铃薯品种的抗病性不同，病株症状表现有些差别。具有一定抗耐病性的品种感病后，病株叶片常产生轻度斑驳花叶和轻皱缩。抗病性较弱的品种感病后，病株生育后期叶片有青铜色，严重皱缩，明显花叶，在叶片表面上产生细小坏死斑点，老叶片不均匀地变黄，常有绿色或青铜色斑点。抗病性强的品种感病后没有明显症状，只有与健株相比较才能观察区别出病株，如有的病株较健株很少开花。

图 5-1 PVS 早期病叶

图 5-2 PVS 引起的叶脉凹陷,叶片皱缩,颜色淡

图5-3 PVS引起的植株叶尖下垂和青铜色

**6. 马铃薯A病毒病**

**病原**

马铃薯A病毒(Potato virus A,PVA)

**病害症状**

根据品种和气候的不同,感染该病毒的马铃薯病叶会表现出黄化、斑驳、卷叶、叶表面粗糙、边缘波浪状或不显症,一些敏感的品种可表现为顶端坏死。感病的叶子通常是发光的,叶缘向叶背卷曲成线状,植株枝条向外弯曲,茎一般不受影响,偶尔表现为矮化。该病毒经常和其他病毒如PVY,PVX,PVM等复合侵染马铃薯,表现为叶片皱缩状。虽然当其单独侵染时,对马铃薯影响较小,但与PVY或PVX复合侵染,引起叶片斑驳皱缩,严重时早期死亡,减产十分严重。

图6-1 PVA田间病叶症状

图6-2 健康植株(左)与PVA病株(右)对比

图6-3 健康植株(左)与PVA病株(右)对比

**马铃薯病毒病防治方法**

选用脱毒种薯或抗病品种种植可以有效防止马铃薯病毒病的发生。田间种植须注意田间传毒介体蚜虫的防治,田间插置涂有机油的黄板,诱杀有翅蚜,或在田间插竿拉挂银灰色反光膜条。在马铃薯现蕾期和盛花期拔除病株,进鞋底及拔除病株后的空穴可用石灰粉消毒。改善栽培措施,合理轮作、整薯播种、高垄栽培、及时培土、避免偏施氮肥,增施钾肥、适时灌溉、结合中耕除草进行培土。

**防治蚜虫等传毒害虫可施用:**

1. 沟施

锐胜(70%噻虫嗪种衣剂)25~30毫升/亩。

锐胜350(30%噻虫嗪悬浮种衣剂)50~60毫升/亩。

高巧(60%吡虫啉悬浮种衣剂)50毫升/亩。

亮探(24%氟酰胺·嘧菌酯·噻虫嗪悬浮种衣剂)100~120毫升/亩。

2. 叶喷

阿立卡(22%噻虫·高氯氟微囊悬浮剂)5~10毫升/亩。

特福力(22%氟啶虫胺腈悬浮剂)10克/亩。

艾美乐(70%吡虫啉水分散粒剂)5~10克/亩。

绿颖(99%矿物油乳油)120~150毫升/亩。

功夫(2.5%高效氯氟氰菊酯水乳剂)12~17毫升/亩。

阿克泰(25%噻虫嗪水分散粒剂)8~15克/亩。

顶峰(50%吡蚜酮水分散粒剂)20~30克/亩。

隆施(10%氟啶虫酰胺水分散粒剂)35~50克/亩。

顺毅必喜(70%吡虫啉水分散粒剂)5~10克/亩。

对于已经发生了病毒病的马铃薯田块，可进行药剂防治以减轻病害发生，发病初期喷洒如下农药，连喷2~3次。

康利丰(3%F激活蛋白+10%氨基酸混剂)50~100克/亩。

顺毅秀秒(8%宁南霉素水剂)80毫升/亩。

20%病毒A(盐酸吗啉胍可湿性粉剂)50~100克/亩。

5%菌毒清水剂50毫升/亩。

1.5%植病灵Ⅱ号乳剂25~50克/亩。

15%病毒必克可湿性粉剂30~60克/亩。

## 第二节 马铃薯真菌性病害

### 7. 马铃薯早疫病

**病原菌**

马铃薯早疫病病原菌为茄链格孢(*Alternaria solani*)

**病害症状**

早疫病在苗期至成株期均可发生，病原菌可侵染叶片、叶柄，也可侵染块茎。染病初期叶片上出现水渍状小点，后期叶片病斑黑褐色，圆形或近圆形，具同心轮纹，病健交界明显。叶柄受害时病斑呈黑色，长圆形，且具有同心轮纹。湿度大时，病斑上生出黑色霉层，即病原菌分生孢子梗和分生孢子。发病严重的叶片干枯脱落，田间植株成片枯黄。块茎染病产生暗褐色稍凹陷圆形或近圆形病斑，边缘分明，病部皮下呈浅褐色海绵状干腐。

图7-1 马铃薯早疫病病叶

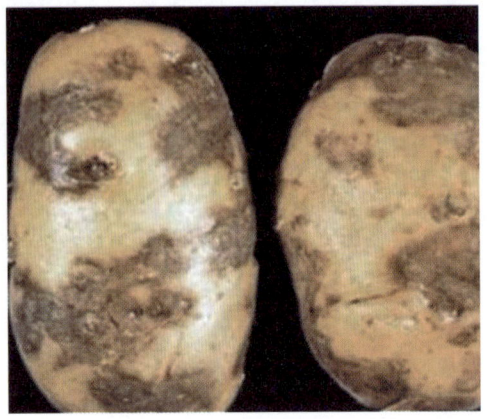
图7-2 马铃薯早疫病病薯

图7-3 马铃薯早疫病具有典型同心轮纹的病斑

图7-4 马铃薯早疫病病茎

**防治方法**

1. 选用抗病、耐病品种,适当提前收获。
2. 选择土壤肥沃的地块种植,增施农家肥和生物有机肥,提高植株抗病力。
3. 及时清除病残组织,深翻晒土,减少越冬菌源。
4. 马铃薯生长中期喷施生物菌肥1~2次,提高植株抗性。
5. 预防用药:发病初期可选用。

大生/山德生(80%代森锰锌可湿性粉剂)120~180克/亩。

安泰生(70%丙森锌可湿性粉剂)150~200克/亩。

好迪施(75%百菌清水分散粒剂)178~267克/亩。

百泰(5%吡唑醚菌酯+55%代森联水分散粒剂)40~60克/亩。

福帅得/农割/顺毅戈美(50%氟啶胺悬浮剂)25~35毫升/亩。

顺毅正生(36%喹啉·戊唑醇悬浮剂)30~40毫升/亩。

6. 治疗用药:发病初期可选用。

喜试(4%苯醚甲环唑+40%百菌清悬浮剂)120~160毫升/亩。

凯泽(50%啶酰菌胺水分散粒剂)20~30克/亩。

法砣(7%啶氧菌酯+12%丙环唑悬浮剂)35~50毫升/亩。

拿敌稳(50%肟菌酯+25%戊唑醇水分散粒剂)10~15克/亩。

健达(21.2%吡唑醚菌酯+21.2%氟唑菌胺悬浮剂)10~20毫升/亩。

露娜森(21.5%氟吡菌酰胺+21.5%肟菌酯悬浮剂)20~30毫升/亩。

阿米妙收(32.5%苯甲嘧菌酯悬浮剂)40~50毫升/亩。

美甜(20%氟唑菌酰羟胺·苯醚悬浮剂)30~40毫升/亩。

增威赢倍(28.2%噁唑菌酮+2.8%氟噻唑吡乙酮悬浮剂)27~33毫升/亩。

采用3号锥形喷头、压力4~5兆帕的喷雾器进行均匀喷雾,药液用量45~60升/亩,每隔7~10天喷一次,连续喷药2~3次。药剂要交替使用,以延缓抗性的产生。

## 8. 马铃薯晚疫病

**病原菌**

马铃薯晚疫病病原菌为致病疫霉属[*Phytophthora infestans*(Mont)de Bary]。

**病害症状**

马铃薯晚疫病菌可侵染马铃薯叶、茎及薯块。病害侵染叶部时,从叶尖或叶缘初期出现褪绿水渍状小斑,后期会呈圆形或半圆形暗绿或暗褐色大斑,天气潮湿时病斑迅速扩大,病健交界部位产生白色霉层,在叶片背部尤其明显。干燥时病斑处变褐,干枯,病斑变脆易裂。在马铃薯发病后期,其茎部或叶柄处呈现褐色条斑,叶片干枯、萎蔫、下垂、卷缩,发病部位呈现黑色枯焦腐烂状。通常发病时出现茎叶枯死、块茎腐烂等现象,严重时组织坏死软化,造成叶片和茎组织死亡。薯块感病,初生淡褐色或灰紫色不规则病斑,稍凹陷,薯块病部的皮下薯肉变褐坏死,病健交界处不明显,病薯易被其他腐生菌侵染而造成复合侵染。

图 8-1 马铃薯晚疫病病叶正面

图 8-2 马铃薯晚疫病病叶反面

图 8-3 马铃薯晚疫病病叶、病茎

图 8-4 马铃薯晚疫病病茎

图8-5 马铃薯晚疫病田间为害状

图8-6 马铃薯晚疫病病薯

图8-7 马铃薯晚疫病病薯

图8-8 马铃薯晚疫病病薯

**防治方法**

1. 选用抗病品种。

2. 选用无病种薯,减少初侵染源。

3. 加强栽培治理,适期早播,选土质疏松、排水良好的田块栽植,促进植株健壮生长,增强抗病力。

4. 晚疫病从现蕾期开始根据马铃薯晚疫病预警系统预报或者气象情况(未来24小时温度15～21℃、相对湿度85%以上)开始用药。

(1)预防:可选用如下农药。

大生/山德生(80%代森锰锌可湿性粉剂)120～180克/亩。

阿米西达(25%嘧菌酯悬浮剂)30～50毫升/亩。

安泰生(70%丙森锌可湿性粉剂)150～200克/亩。

好迪施(75%百菌清水分散粒剂)178～267克/亩。

艾斯它(40%百菌清悬浮剂)125～175毫升/亩。

丁香酚(0.3%丁子香酚可溶液剂)50克/亩+10%烯酰吗啉水乳剂50克/亩。

百泰(5%吡唑醚菌酯+55%代森联水分散粒剂)40～60克/亩。

图库(40%百菌清+8%嘧菌酯悬浮剂)40～60毫升/亩。

优百果(60%唑醚·代森联)60～80克/亩。

福帅得/农割/顺毅戈美(50%氟啶胺悬浮剂)25～35毫升/亩。

增威赢倍(28.2%噁唑菌酮+2.8%氟噻唑吡乙酮悬浮剂)27～33毫升/亩等进行均匀喷雾,每隔7～10天喷一次,连续喷药2～3次,需要轮换用药。

(2)治疗:当田间植株叶片出现少量晚疫病病斑时可选用。

克露(72%霜脲氰·代森锰锌可湿性粉剂)107～150克/亩。

金雷(68%精甲霜灵·代森锰锌)100～120克/亩。

赛深(70%甲霜灵·代森锰锌可湿性粉剂)100～150克/亩。

阿克白(50%烯酰吗啉可湿性粉剂)30～40克/亩。

艾普望(20%烯酰吗啉+20%氟啶胺悬浮剂)40～50毫升/亩。

韦丽斯(6%缬菌胺+60%代森锰锌水分散粒剂)120～140克/亩。

抑快净(22.5%噁唑菌酮+30%霜脲氰水分散粒剂)40克/亩。

德劲(47%烯酰·唑嘧菌悬浮剂)50毫升/亩。

科佳(10%氰霜唑悬浮剂)50～60毫升/亩。

丁香酚(0.3%丁子香酚可溶液剂)80克/亩+10%烯酰吗啉水乳剂80克/亩。

瑞凡(23.40%双炔酰菌胺悬浮剂)40毫升/亩。

银发利(68.75%氟吡菌胺·霜霉威悬浮剂)75~100毫升/亩。

增威赢绿(10%氟噻唑吡乙酮悬浮剂)15毫升/亩等均匀喷雾,连续喷药2~3次,交替用药。

### 9.马铃薯枯萎病

**病原菌**

病原菌为镰刀菌属部分种(*Fusarium* spp)

**病害症状**

马铃薯枯萎病可在花期前后表现症状,发病初期植株下部叶片萎蔫,似缺水状,特别是中午或强光下更为明显,早晚可恢复。随后逐渐由下向上部叶片扩展,最后根系皮层腐烂,全株萎蔫甚至枯死;剖开病茎,维管束变褐,病原菌可由地下茎通过匍匐茎而进入块茎的疏导组织中,并在块茎的维管束内形成虚线状褐色环圈,但不腐烂。在低温潮湿的土壤中,地下部的茎会较早腐烂,导致植株枯死萎蔫,高温干燥的气候条件下,植株萎蔫发展得较慢,底部叶片黄化,上部叶片有褪绿斑驳并萎蔫。茎的维管束组织和块茎变色。块茎表现出几种内部或外部的变色,如顶部和芽眼的褐色凹陷坏死和圆环状的腐烂区。气候温暖时萎蔫加重。该病菌在病薯、土壤病残体、土壤或未经腐熟的带菌肥料中越冬,来年侵染植株。

图9-1 马铃薯枯萎病根部腐烂症状　　图9-2 马铃薯枯萎病根髓部变褐

图9-3 马铃薯枯萎病植株初期症状　图9-4 马铃薯枯萎病植株中期症状

图9-5 马铃薯枯萎病植株后期症状

图9-6 马铃薯枯萎病病薯

图9-7 马铃薯枯萎病田间表现症状

**防治方法**

1. 选择抗病、优质、高产、肥料利用效率高、适合当地种植的经审定或认定的脱毒原种或一级种薯。

2. 合理轮作,可与禾谷类作物或者绿肥植物进行3~4年的轮作。

3. 撒施或条施腐熟农家肥2000~3000公斤/亩或生物有机菌120~160公斤/亩,施后耕翻。第一次浇水时,每亩施用根罗(高磷腐殖酸)1~2升。

4. 种薯包衣:

适乐时(25%咯菌腈悬浮种衣剂),1升处理1.5~2吨种薯。

锐根士(9%氟唑环菌胺·咯菌腈悬浮种衣剂),1升处理3~4吨种薯。

阿马士(22.4%氟唑菌苯胺悬浮种衣剂)1升处理4~5吨种薯。

亮探(24%氟酰胺嘧菌酯噻虫嗪悬浮种衣剂)1升处理1.5~2吨种薯。

北农13号(8%噻呋酰胺+3.0%嘧菌酯+3.5%精甲),药种比1:2000。

玛力仕(6%噻呋·嘧菌·精甲悬浮种衣剂),药种比1:1000。

先将药剂稀释,然后将稀释的药液与块茎充分搅拌混合,拌好药剂的薯块自然阴干后第二天播种。

5. 选用瑞苗青(30%甲霜·噁霉灵水剂)60毫升/亩进行沟施。在开沟播种前,将配制好的药液喷淋在垄沟的土壤上,使土壤都沾上药液,然后覆土。

6. 选用瑞苗青(30%甲霜·噁霉灵水剂)60~100毫升/亩喷淋或微生物菌剂(胶冻样类芽孢杆菌、枯草芽孢杆菌,有效活菌数≥20亿/毫升)2~5公斤/亩灌根,或用70%甲基硫菌灵500克/亩+金芸恶套装(120毫升+40克)灌根。于苗后发棵期、初花期分别施用一次。

**10. 马铃薯干腐病**

**病原菌**

病原菌为镰刀菌属部分种(*Fusarium* spp)

**病害症状**

马铃薯干腐病为贮藏期病害,也可在播种块茎时侵染。病菌在块茎上的症状一般是经过一段时间的贮藏后才开始表现。受害块茎,发病初期仅局部变褐稍凹陷,扩大后病部出现很多皱褶,呈同心轮纹状,隐约不清向四周扩展,较老的死亡组织呈现粉、蓝、褐等各种颜色,僵缩干腐,形成空心。剖开病薯可见空腔内长满菌丝,薯内变为深褐色或灰褐色。

图10-1 马铃薯干腐病病薯

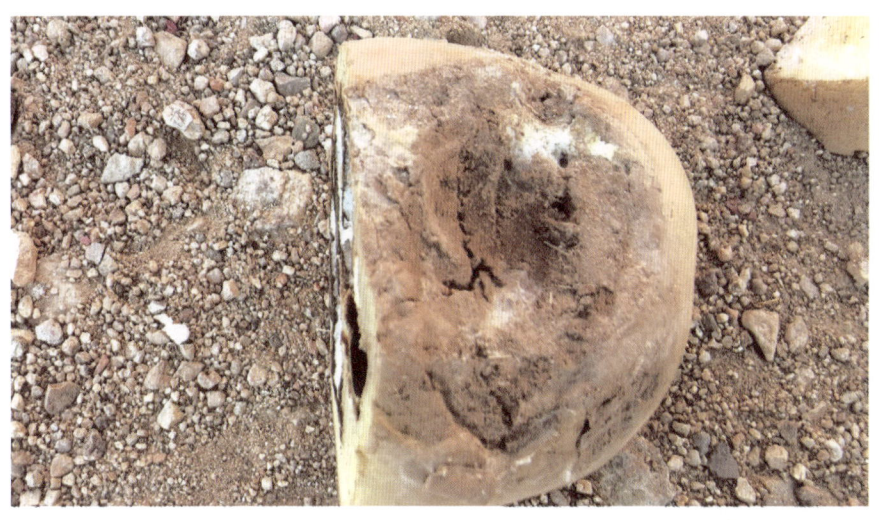

图10-2 马铃薯干腐病病薯

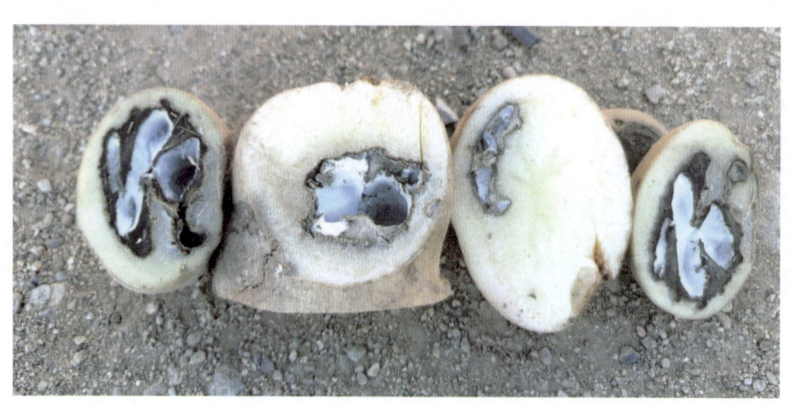

图10-3 马铃薯干腐病病薯

**防治方法**

1. 生长后期和收获前抓好水分管理,雨后应及时清沟排渍降湿,收获时尽量减少机械损伤,可减轻贮运期间块茎发病。

2. 选晴天收获,收获后摊晒数天,贮运时轻拿轻放,尽量减少伤口,并剔除可疑块茎后才装运或入窖。

3. 入窖前做好窖内清洁消毒工作,入窖后做好温湿调控,保持通风干燥。定时检查,剔除病薯。

4. 干拌种:用70%甲基托布津可湿性粉剂100克处理100公斤种薯,或用百泰(5%吡唑醚菌酯+55%代森联水分散粒剂)100克处理200公斤种薯。也可用多菌灵、甲霜灵锰锌等药剂处理块茎。

5. 种薯包衣:参考预防枯萎病包衣方法。

6. 贮藏期间可以使用百菌清烟雾剂处理,可有效防止病菌向邻近块茎侵染,或0.2%甲醛溶液均匀喷雾。

**11. 马铃薯炭疽病**

**病原菌**

病原菌为马铃薯炭疽病菌[*Colletotrichum coccodes* (Wallr.) Hughes]

**病害症状**

马铃薯炭疽病在块茎、茎秆、叶片等部位均可发生。马铃薯叶片上形成近圆形至不定型坏死斑点,赤褐色至褐色,以后转变为灰褐色,边缘明显,相互汇合形成不规则坏死斑。根部和匍匐枝上发病时出现大量黑色的斑点状分生孢子盘,且分生孢子盘上褐色刚毛明显;块茎发病形成近圆形或不规则形大斑,呈褐色或灰色,后逐渐褐色腐烂,略下陷,病健交界明显,其上有黑色小点。在生长中期可在茎秆上形成褐色条形病斑且不断扩大,其上也可以形成分生孢子盘,后期茎秆逐渐萎蔫并枯死,在枯死的茎秆外表皮或皮层内部形成大量的黑色颗粒状物。

图11-1 马铃薯炭疽病病叶

图11-2 马铃薯炭疽病病叶

图11-3 马铃薯炭疽病病茎

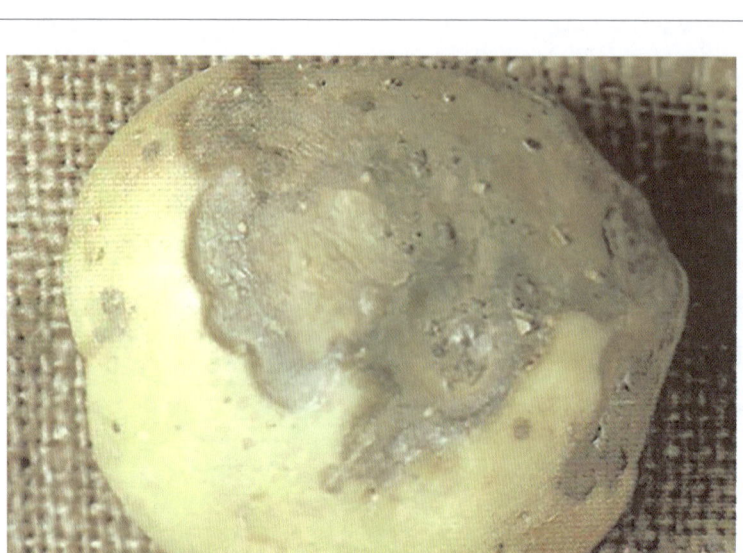

图 11-4 马铃薯炭疽病病薯

**防治方法**

1. 选用健康的种薯。
2. 实行轮作;避免与西红柿、胡椒、茄子等茄科作物轮作,最好与其他科作物尤其是谷物类作物轮作。
3. 保持土壤肥沃、湿润但勿浇水太多,避免低氮或化学剂的损伤。
4. 耕种前需清理掉田间的植株残体,土壤深耕。
5. 加强水肥管理,避免高温高湿条件出现。
6. 贮藏前的2周,将马铃薯进行适当干燥能够较有效控制病害的发生。
7. 用药可以参考早疫病的防治方法,也可以用如下药剂防治。

腈菌唑(40%腈菌唑可湿性粉剂)20克/亩。

世高(10%苯醚甲环唑水分散粒剂)40克/亩。

扑海因(50%异菌脲悬浮剂)50毫升/亩。

施保克(45%咪鲜胺水乳剂)20~30毫升/亩。

粮优(16%肟菌酯+32%戊唑醇悬浮剂)20~25毫升/亩。

猛发利(10%春雷咪鲜胺可湿性粉剂)100克/亩。

## 12. 马铃薯黄萎病

**病原菌**

病原菌为大丽轮枝菌（*Verticillium dahliae*）

**病害症状**

马铃薯黄萎病是一种维管束病害，典型症状是植株变黄、萎蔫，首先是植株下部叶片开始显症，其后逐渐向上部发展。病叶边缘和主脉间出现黄色斑块，形状不规则，后病斑色泽加深，变黄褐色。病叶边缘上卷，但主脉及其附近的叶肉仍保持绿色，呈西瓜皮状，久旱遭暴雨后或积水浸泡后可出现急性症状，病株根茎缢缩，叶片突然萎垂、水烫状，根、茎及叶柄的维管束变褐色。经晴天曝晒后病株迅速枯焦，湿度大时枯死的病茎表面可观察到一层灰白色霉层。

图 12-1 马铃薯黄萎病植株叶部表现

图 12-2 马铃薯黄萎病植株茎部剖面

图 12-3 马铃薯黄萎病侧枝变黄、茎部维管束变褐　　图 12-4 马铃薯黄萎病病薯症状

图 12-5 马铃薯黄萎病田间表现

图 12-6 马铃薯黄萎病田间表现

**防治方法**

1. 选用抗病品种,还可选用从未发生过黄萎病的田块培育出的种薯或者脱毒苗进行种植。

2. 小块整薯播种,高畦栽培,可以与禾本科作物进行轮作。

3. 防治方法:参考马铃薯枯萎病。

### 13. 马铃薯癌肿病

**病原菌**

病原菌是壶菌纲的集壶菌[*Synchytrium endobioticum* (Schulb.)Per.]

**病害症状**

马铃薯癌肿病的症状主要表现在地下部分,地上部症状不明显,但严重高感品种地上部分也可以表现症状,地下茎基部、块茎、匍匐茎都可受害,感病部位细胞迅速增殖,肿大畸形。地下茎基部常形成较大的甚至包围整个茎基部的癌瘤。薯块若在早期受侵染,则整个幼薯变成畸形,形成癌瘤。较大薯块多从芽眼外表皮开始侵染,发展成增生组织,形成大大小小花菜头状的小瘤,表皮龟裂。地下部的癌瘤初为淡白色,后逐渐变粉红色至黄褐色,最后变黑褐色易腐烂。地上部在高感品种才表现症状,在主枝与分枝或分枝与分枝间的腋芽处及茎尖等部位,可长出形似花菜状的小癌瘤,初为绿色,后变褐腐烂。

图 13-1 马铃薯癌肿病症状

图13-2 马铃薯癌肿病病薯

**防治方法**

1. 选用抗病品种

2. 种植无病种薯,需切薯播种时必须进行切刀消毒。切薯时间以播种前1~2天为宜,切块时用75%的酒精、0.1%的高锰酸钾溶液浸泡切刀5~6分钟,并备用2把切刀,轮换消毒切薯。挑好种薯或切薯后,用1%的石灰水或0.1%高锰酸钾液浸种薯1小时后晾干方可播种。

3. 选择粮谷作物轮作,消除隔年生马铃薯,重病地块改种非茄科作物。

4. 施用腐熟无病肥料,增施磷钾肥;销毁病残株。

5. 可用生石灰进行土壤消毒,在栽培前每平方米用4公斤生石灰做土壤处理。

6. 加强栽培管理,施用充分腐熟的粪便或沤肥。

7. 药剂防治。在种植前选用种薯量0.3%~0.5%的含量为15%三唑酮可湿性粉剂进行种薯处理,或用15%三唑酮可湿性粉剂6~7.5公斤/公顷进行灌根和制成毒土覆种。苗期和薯期可选用20%三唑酮乳油1500~2000倍液,69%锰锌·烯酰可湿性粉剂1000~1500倍液,或72%霜脲·锰锌可湿性粉剂600~800倍液喷浇,均能起到一定的防治效果。

### 14. 马铃薯黑痣病

**病原菌**

病原菌为立枯丝核菌（*Rhizoctonia solani* Kuhn）。

**病害症状**

主要为害幼芽、茎基部及块茎。幼芽染病有的出土前腐烂形成芽腐，造成缺苗。发病初期染病植株下部叶子发黄，茎基形成褐色凹陷斑，大小1~6厘米。病斑上或茎基部常覆盖有褐色至紫色菌丝层，有时茎基部及块茎生出大小不等（1~5厘米）形状各异的块状或片状、散生或聚生的小菌核。重病株可形成立枯、顶部萎蔫或叶片卷曲。黑痣病感染了匍匐茎，为淡红褐色病斑，使匍匐茎顶端不再膨大，不能形成薯块。感病轻者可长成薯块，但非常小，也可引起匍匐茎乱长，影响结薯，或结薯畸形。受侵染的植株根量减少，形成稀少的根条。在成熟的块茎表面形成大小形状不规则的、坚硬的、土壤颗粒状的黑褐色或暗褐色的菌核，不容易冲洗掉，而菌核下边的组织完好。

图14-1 马铃薯黑痣病芽腐

图 14-2 马铃薯黑痣病茎溃疡

图 14-3 马铃薯黑痣病匍匐茎侵染

图 14-4 马铃薯黑痣病病原菌菌丝

图 14-5 马铃薯黑痣病病薯

**防治方法**

1. 选种抗病品种。

2. 建立无病留种田,采用无病薯播种。

3. 轮作,2～3年以上轮作,进行深耕改土,多施有机肥,增施生物菌肥100公斤/亩,有效改善土壤微生物群落结构。

4. 加强栽培管理;适期播种,避免早播;雨后及时排水;收获后及时清园。

5. 药剂处理

(1)干拌种

百泰(5%吡唑醚菌酯+55%代森联水分散粒剂)100克处理200公斤种薯。

(2)种薯包衣

适乐时(25%咯菌腈悬浮种衣剂),1升处理1.5～2吨种薯。

锐根士(9%氟唑环菌胺·咯菌腈悬浮种衣剂),1升处理3～4吨种薯。

阿马士(22.4%氟唑菌苯胺悬浮种衣剂)1升处理4～5吨种薯。

亮探(24%氟酰胺·嘧菌酯·噻虫嗪悬浮种衣剂)1升处理1.5～2吨种薯。

薯来宝(30%噻虫嗪·咯菌腈·嘧菌酯种子处理可分散粉剂),药种比1∶1000。

(3)播种时沟施

阿米西达(25%嘧菌酯悬浮剂)60～80毫升/亩。

冠龙倍能(45%噻呋·嘧菌酯悬浮剂)40～60毫升/亩。

阿马士(22%氟唑菌苯胺悬浮种衣剂)60毫升/亩。

健达(21.2%吡唑醚菌酯+21.2%氟唑菌胺悬浮剂)30～40毫升/亩。

满穗(24%噻呋酰胺悬浮剂)60～80毫升/亩。

(4)发病后治疗

发病初期可喷施戴唑霉(22.2%抑霉唑乳油)30～50毫升/亩,或满穗(24%噻呋酰胺悬浮剂)50～60毫升/亩。

发病严重时需用阿米西达(25%嘧菌酯悬浮剂)100～120毫升/亩或健达(21.2%吡唑醚菌酯+21.2%氟唑菌胺悬浮剂)60～80毫升/亩,或满穗(24%噻呋酰胺悬浮剂)70～120毫升/亩灌根。

**15. 马铃薯粉痂病**

**病原菌**

病原菌为马铃薯粉痂病病菌(*Spongospora subterranea*[Wallr.]Lager)

**病害症状**

粉痂病主要为害块茎及根部,有时茎也可染病。块茎染病,初在表皮上现针头大的褐色小斑,外围有半透明的晕环,后小斑逐渐隆起、膨大,成为直径3~5毫米不等的"疤斑",其表皮尚未破裂,为粉色的"封闭疤"阶段。后随病情的发展,"疤斑"表皮破裂、反卷,皮下组织现橘红色,散出大量深褐色粉状物(孢子囊球),"疤斑"下陷呈火山口状,外围有木栓质晕环,为粉痂的"开放疤"阶段。

图15-1 马铃薯粉痂病病薯

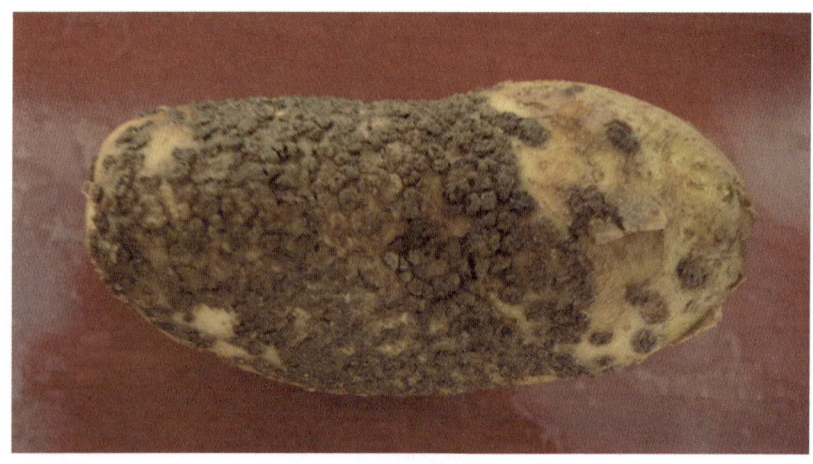

图15-2 马铃薯粉痂病病薯

图 15-3 马铃薯粉痂病根部根瘤

图 15-4 马铃薯粉痂病病薯及根部根瘤

图15-5 马铃薯粉痂病叶部症状

**防治方法**

1. 病区种薯严格封锁,严禁外调。

2. 对温室网棚进行密闭熏蒸,10～15天后通风,可使用威百亩钠盐和甲醛进行空间消毒。

3. 选留无病种薯,可种植褐色厚皮的抗性品种,严格剔除病薯。

4. 用40%福尔马林200倍液浸种5分钟,晾干后播种。

5. 增施磷钾肥,多施石灰或草木灰,改变土壤pH值。

6. 高畦栽培,避免大水漫灌,防止病菌传播蔓延。

7. 合理使用微量元素肥料。

发病不严重时可以通过使用药剂灌根减少病菌基数。常用大生(80%代森锰锌可湿性粉剂)500～1000克/亩,或科博(68%波尔锰锌可湿性粉剂)300～600克,或福帅得(50%氟啶胺悬浮剂)100～200毫升。

### 16. 马铃薯灰霉病

**病原菌**

病原菌为灰葡萄孢（*Botrytis cinerea* Pres.ex Fr.）

**病害症状**

马铃薯灰霉病主要侵染叶片、茎秆，有时为害块茎。病斑多从叶尖或叶缘开始显现，并呈"V"字形水渍状向内扩展，后呈青褐色，形状常不规整。湿度大时，病斑上形成灰色霉层。后期斑部碎裂、穿孔。有时病部沿叶柄扩展，在茎秆产生条状褪绿斑和灰色霉层。块茎偶有受害，贮藏期发病严重，薯块变灰黑色或褐色半湿性腐烂，其上长出霉层。

在田间，病菌分生孢子借气流、雨水、灌溉水、昆虫和农事活动传播，低温高湿条件下发病严重，由伤口、残花或枯衰组织侵入，条件适宜，多次扩展蔓延。

图16-1 马铃薯灰霉病病叶

图16-2 马铃薯灰霉病病叶背面

图16-3 马铃薯灰霉病病叶背面

图16-4 马铃薯灰霉病病叶正面(与晚疫病相似)

图16-5 马铃薯灰霉病病叶

**防治方法**

1. 选择健康无伤种薯。

2. 高垄栽培,合理密植,适时晚播和早收,避开冷凉气温。

3. 合理灌溉,提高地温;及时清除田间病残体。

4. 增施钾肥,提高植株抗性。贮存时避免温度过低,湿度过高。

5. 与非寄主植物进行轮作。

6. 药剂防治

扑海因(50%异菌脲悬浮剂)50毫升/亩。

凯泽(50%啶酰菌胺水分散粒剂)20~30毫升/亩。

施佳乐(40%嘧霉胺悬浮剂)30毫升/亩。

## 17. 马铃薯褐叶斑病

### 病原菌

病原菌为链格孢（*Alternaria alternata*）

### 病害症状

症状主要为在下部叶片首先出现褐色小点，病斑逐渐扩展至全叶，但受叶脉限制，直到整个叶片变成棕褐色。一般自下而上发病。块茎症状通常为黑色的坑点，随后在块茎表面形成黑色小洞。该病在马铃薯多个生育期均可发生，高湿多雨条件发病严重。褐叶斑病减少了叶片有效光合面积，叶片和块茎养分需求和供给之间产生不平衡，导致产量下降。病原菌以孢子和菌丝在茄科寄主的病组织上越冬，春天温暖时形成孢子释放，成为翌年初侵染源。当水分充足时，孢子通过现有的伤口发芽并穿透马铃薯组织。

图 17-1 马铃薯褐叶斑病

图17-2 马铃薯褐叶斑病病叶正反面

图17-3 马铃薯褐叶斑病

**防治方法**

1. 与非寄主作物轮作,减少病田连作。
2. 选用健康无病种薯,减少初侵染源的发生。
3. 清洁田园,及时清理病株残体,合理灌溉,降低田间湿度。
4. 药剂防治参考马铃薯早疫病。

**18. 马铃薯尾孢菌叶斑病**

**病原菌**

病原菌为绒层尾孢菌[*Cercospora concors*(Casp.)Sacc.]

**病害症状**

马铃薯尾孢菌叶斑病,主要为害叶片和地上茎。初侵染时在叶片或茎秆形成黄色至浅褐色圆形病斑,后扩展为黄褐色不规则斑。湿度大时,叶背呈现厚密的灰色霉层,为病原菌的分生孢子梗和分生孢子。多在病残体中越冬,成为翌年初侵染源;生长季节为害叶片,可多次再侵染。高温高湿利该病发生和流行。

图18-1 马铃薯尾孢菌叶斑病病叶

图18-2 马铃薯尾孢菌叶斑病病叶

图18-3 马铃薯尾孢菌叶斑病植株症状

图18-4 马铃薯尾孢菌叶斑病植株症状

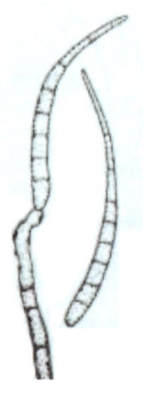

分生孢子梗和分生孢子

图18-5 马铃薯尾孢菌病原菌

**防治方法**

1. 发病田进行深耕,实行与其他科作物轮作。
2. 清洁田园,去除病残体,合理水肥管理。
3. 药剂防治参考马铃薯早疫病。

## 第三节 马铃薯细菌性病害

### 19. 马铃薯黑胫病

**病原菌**

病原菌为胡萝卜软腐欧文氏菌马铃薯黑胫亚种 *Erwinia carotovora subsp.atroseptica*（Van Hall）

**病害症状**

感病植株茎基部及根部呈墨黑色腐烂直至母薯,腐烂处有黏液和臭味,很容易从土壤中拔出。病害发展从块茎开始,由匍匐茎传至茎基部,继而发展到茎上部。植株出现矮化、僵直、叶片变黄、小叶边缘向上卷曲等症状。后期植株茎基部呈墨黑色腐烂,植株萎蔫,最终倒伏死亡。病株多半死亡,一般不结薯或只结1~2个小薯。感病块茎初期脐部略变色,稍后病部扩大变黑褐,危害髓部,使髓部呈黑褐色,严重时薯块烂成空腔,直至整个块茎腐烂,发出难闻的恶臭味。

图19-1 马铃薯黑胫病症状

图19-2 马铃薯黑胫病症状

图 19-3 马铃薯黑胫病病薯

图 19-4 马铃薯黑胫病病薯

图 19-5 马铃薯黑胫病病薯外观

图 19-6 马铃薯黑胫病病薯正反面

**防治方法**

1. 建立无病种薯繁育体系或无病留种田,生产脱毒种薯,切断病毒传染源。

2. 采用小种薯整播,避免切刀传病;种薯切块消毒,利用草木灰拌种。

3. 切块时切到病薯后,应用0.2%的高锰酸钾溶液、5%的石碳酸等浸泡切刀消毒,或将切刀置于煮沸的开水(加少许盐)中消毒8~10分钟。

4. 播前适当晾晒种薯,淘汰病烂薯,加速种薯受伤处的木栓化,杜绝黑胫病菌的侵入。

5. 适时早播,合理轮作,加强水肥管理,注意生长期间田间排水,避免过量浇水。及时拔除田间病株,并彻底销毁,以减少病害传播。严格挑选入窖种薯,窖温控制在1~4℃,防止温湿度过大。

6. 种薯处理:颖顺/华诺艾蕾(6%春雷霉素可湿性粉剂)30克处理150公斤种薯或细刹(3%噻霉酮可湿性粉剂)20克处理150公斤种薯。

7. 沟施:

(1)抗生素类:加收米(2%春雷霉素水剂)或华诺艾蕾100毫升/亩。

(2)锌制剂:乾运(30%噻唑锌悬浮剂)100毫升/亩。

碧生(20%噻唑锌悬浮剂)150毫升/亩。

(3)铜制剂:碧绿(33.5%喹啉铜悬浮剂)100毫升/亩。

细刹(3%噻霉酮可湿性粉剂)40~60克/亩。

8. 叶面喷雾:发病初期叶面喷洒可杀得叁千(46%氢氧化铜水分散粒剂)60~80克/亩,加瑞农或春得利(47%春雷王铜可湿性粉剂)94~125克/亩,科博(68%波尔锰锌可湿性粉剂)150克/亩,佳铜(28%波尔多液悬浮剂)200毫升/亩,以及上述沟施品种可缓解病害发生。

9. 灌根:根部早期喷淋可以显著减轻黑胫病为害,灌根用量需要加大到2~3倍。

**20. 马铃薯茎基腐病**

**病原菌**

病原菌为胡萝卜软腐欧文氏菌马铃薯黑胫亚种 *Erwinia carotovora* subsp. *atroseptica* (Van Hall)及胡萝卜软腐果胶杆菌巴西亚种(*Pectobacterium carotovorum* subsp. *brasiliense*)

**病害症状**

感病植株茎基部呈墨黑色腐烂。病菌来源于空气或从地下茎感病植株向上传染所致。此病一般是马铃薯生长后期植株倒伏形成伤口或植株遭遇冰雹、机械伤等原因形成伤口,细菌感染所致。植株茎基部呈墨黑色腐烂,湿度大时,会有恶臭气味。

植株萎蔫,如果防治不及时,病株会全株死亡。

**防治措施**

1. 避免伤口:尽量减少中耕次数,预留打药道或进行打药机改装,将打药牵引机前后轮胎增加防护罩。

2. 作物遭遇冰雹或大风袭击后,在黄金八小时内及时喷施防治细菌的药剂,如喹啉酮100毫升/亩、噻霉酮60克/亩、可杀得叁千60~80克/亩或春雷霉素30克/亩或乾运(噻唑锌)80毫升/亩。

3. 发病后,使用打药机喷淋植株。要求大水量,慢速度,高压力。使药液喷到叶片和茎秆上,顺着茎秆流到病灶处。选用上述农药,用量加大1~2倍。

图20-1 马铃薯茎基腐病

图20-2 马铃薯茎基腐病

图20-3 马铃薯茎基腐病治愈状

**防治方法**

1. 建立无病种薯繁育体系或无病留种田,生产脱毒种薯,切断病毒传染源。

2. 采用小种薯整播,避免切刀传病;种薯切块消毒,利用草木灰拌种。

3. 切块时切到病薯后,应用0.2%的高锰酸钾溶液、5%的石碳酸等浸泡切刀消毒,或将切刀置于煮沸的开水(加少许盐)中消毒8~10分钟。

4. 播前适当晾晒种薯,淘汰病烂薯,加速种薯受伤处的木栓化,杜绝黑胫病菌的侵入。

5. 适时早播、合理轮作、加强水肥管理、注意生长期间田间排水,避免过量浇水。及时拔除田间病株,并彻底销毁,以减少病害传播。严格挑选入窖种薯,窖温控制在1~4℃,防止温湿度过大。

6. 发病初期叶面喷洒防治细菌的药剂(参考黑胫病用药)。

**21. 马铃薯气生茎腐病**

**病原菌**

病原菌为胡萝卜软腐果胶杆菌巴西亚种(*Pectobacterium carotovorum* subsp. *brasiliense*)

**病害症状**

病原菌可侵染种薯、叶柄、茎和块根,当植株遭遇阳光灼伤、冰雹袭击、机械操作等原因形成伤口,病菌感染,造成马铃薯茎秆呈现褐色至黑褐色软腐,严重时导致茎部折断、撕裂、中空,植株死亡。一般发病率可达10%~20%,严重时达50%,能够导致植株大量死亡。

图21-1 马铃薯气生茎腐病症状

图21-2 马铃薯气生茎腐病症状

图21-3 马铃薯气生茎腐病症状

图21-4 马铃薯气生茎腐病茎腐烂中空

图21-5 马铃薯气生茎腐病病薯

图21-6 马铃薯气生茎腐病田间症状

**防治方法**

1. 选用无病种薯。
2. 清洁田园,去除田间病残体。
3. 尽量避免伤口。
4. 药剂防治选用细菌性农药,参考黑胫病防治。

**22. 马铃薯软腐病**

**病原菌**

病原菌为胡萝卜软腐欧文氏菌胡萝卜软腐致病变种[*Erwinia carotovora subsp. carotovora* (Jones) Bergeyetal.]和称胡萝卜软腐欧文氏菌马铃薯黑胫亚种[*E.carotovora subsp.atroseptica* (VanHall) Dye]及菊欧氏菌(*Erwinia chrysanthemi*)三种。

**病害症状**

软腐病一般发生在生长后期收获之前的块茎上及储藏的块茎上。但茎叶部位也可表现病状。染病时近地面老叶先发病,病部呈不规则暗褐色病斑,湿度大时腐烂。茎部染病,多始于伤口,再向茎秆蔓延,后茎内髓组织腐烂,具恶臭,病茎上部枝叶萎蔫下垂,叶变黄。被侵染的块茎,气孔轻微凹陷,棕色或褐色,周围呈水浸状。在干燥条件下,病斑变硬、变干,坏死组织凹陷。发展到腐烂时,软腐组织呈湿的奶油色或棕褐色,其上有软的颗粒状物。被侵染组织和健康组织界限明显,病斑边缘有褐色或黑色的色素。腐烂早期无气味,二次侵染后有臭气、黏液、黏稠物质。

图 22-1 马铃薯软腐病植株初期症状

图22-2 马铃薯软腐病植株症状

图22-3 马铃薯软腐病根部症状

图22-4 马铃薯软腐病病薯

**防治方法**

1. 加强田间管理,注意通风透光,降低田间湿度,避免大水漫灌。

2. 实行4年以上的轮作倒茬。

3. 发病初期要及时拔除病株,并用石灰消毒病株处及附近土壤,喷施防治细菌的药剂(参考防治黑胫病的农药)。

4. 贮藏环境要做到干净、干燥、通风,薯块堆不宜过大。随时剔除带有马铃薯软腐病的病薯。

5. 化学防治方法参考黑胫病。

### 23. 马铃薯环腐病

**病原菌**

病原菌为密执安棒杆菌马铃薯环腐致病变种（*Clavibacter michiganense* subsp. *sepedonicum*）

**病害症状**

环腐病发病一般在开花以后，发病初期，叶脉间呈黄绿或灰绿，产生明显的斑驳，逐渐变黄变枯。叶片边缘也可以变黄变枯，并向上卷曲，后期下垂死亡。发病从下部叶片开始，逐渐向上发展到全株。在不同的环境条件下不同的品种会有不同的症状。一种情况是受害植株出现矮缩、生长缓慢，分枝减少，叶片变小发黄，萎蔫症状不明显。另一种情况是植株急性萎蔫，叶片呈灰绿色并向内卷曲，植株提前枯死。一穴中往往有一个枝条首先发生萎蔫。萎蔫初期病情自下而上发展。茎基部维管束变为浅黄色或黄褐色，但有时变色不明显。感病薯块，其外部症状不明显，只是皮色变暗，芽眼发黑枯死，切开后可以看到从基部开始维管束部分变成黄色或褐色，严重时整个维管束变成黄色腐烂状，用力挤压，变色部分有黄色菌液溢出，皮层与髓部组织分离。

图 23-1 马铃薯环腐病植株

图 23-2 马铃薯环腐病病叶

图 23-3 马铃薯环腐病病薯

图 23-4 马铃薯环腐病病薯

**防治方法**

1. 建立无病种薯繁育体系或无病留种田,生产脱毒种薯,切断病害传染源;用 96% 硫酸铜溶液进行种薯消毒。

2. 精选无病种薯或抗病品种,淘汰带病种薯。

3. 尽量采用种薯整播,避免切刀传病;或切种时将切刀进行消毒。

可用 75% 酒精、0.2% 的高锰酸钾溶液、5% 的石碳酸等浸泡切刀。或将切刀置于煮沸的开水(加少许盐)中消毒 8~10 分钟。

4. 及时拔除病株,加强水肥管理,贮存时剔除发病种薯。

5. 注意盛装容器的清洗和消毒。

6. 化学防治方法参考黑胫病。

**24. 马铃薯疮痂病**

**病原菌**

病原菌为放线菌细菌疮痂链霉菌($Streptomyces\ scabies$、S. Acidiscabies、S. turgidiscabies)

**病害症状**

该病仅为害马铃薯块茎,初期在块茎表面先产生褐色小点,扩大后形成褐色圆形或不规则形大斑块,后因产生大量木栓化细胞,致表面粗糙;后期中央稍凹陷或凸起呈疮痂状硬斑块。病斑仅限于皮部,不深入薯内,但被害薯块质量和产量仍可降低,不耐贮藏,商品品级下降。

图 24-1 马铃薯疮痂病病薯(凹状病斑)

图 24-2 马铃薯疮痂病病薯(凹状病斑)

图24-3 马铃薯疮痂病病薯(网状病斑)

图24-4 马铃薯疮痂病病薯(平状病斑)

图 24-5 马铃薯疮痂病病薯(凸状病斑)

图 24-6 马铃薯疮痂病病薯从左由重到轻

**防治方法**

1. 选用无病种薯或抗病品种。种薯播种前可用2%盐酸溶液或40%福尔马林200倍液浸种4~5分钟,晾干待播。

2. 加强田间水肥管理,保持土壤湿润,增施有机肥或绿肥,可减轻发病。

3. 合理轮作倒茬,可与禾本科、葫芦科、豆科作物进行5年以上轮作。

4. 选择保水好的地块种植,结薯期遇干旱应及时浇水。

5. 土壤消毒:播前可用科博(68%波尔锰锌可湿性粉剂)3.5公斤/亩或40%五氯硝基苯粉剂0.5~1公斤/亩撒施或沟施。

### 25. 马铃薯青枯病

**病原菌**

病原菌为茄科劳尔氏菌(*Ralstonia solanacearum*)

**病害症状**

发病后病株稍矮缩,叶片浅绿或苍绿,下部叶片先萎蔫后全株下垂,开始白天萎蔫早晚恢复,持续4~5天后,全株茎叶全部萎蔫死亡,但仍保持青绿色,叶片不凋落,叶脉变褐,茎出现褐色条纹,横剖可见维管束变褐,湿度大时,切面有菌液溢出。块茎染病后切开薯块,维管束圈变褐,挤压时溢出白色黏液,但皮肉不从维管束处分离,严重时外皮龟裂,髓部溃烂如泥。

图25-1 马铃薯青枯病

图25-2 马铃薯青枯病茎部菌浓拉丝

图25-3 马铃薯青枯病田间症状

**防治方法**

1. 建立无病留种田,选择无病种薯或抗病品种。

2. 加强水肥管理,适时排水,避免积水,增施有机肥和钾肥。

3. 及时清除病株,对发病处撒生石灰进行消毒。可喷施天达2116、云大120等植物生长调节剂,调节土壤酸碱度。

4. 避免与茄科植物轮作,可与禾本科作物或十字花科作物多年轮作。

5. 发病时,可用防细菌的农药(见黑胫病)灌根,隔10天1次,连续灌2~3次。

## 第四节 马铃薯线虫病

### 26.马铃薯茎线虫病

**病原**

病原为马铃薯腐烂茎线虫(*Ditylenchus destructor*)

**病害症状**

主要为害块茎。表皮现褐色龟裂,有的外部症状不明显,内部出现点状空隙或呈糠心状,薯块重量减轻。

图26-1 马铃薯茎线虫病病薯

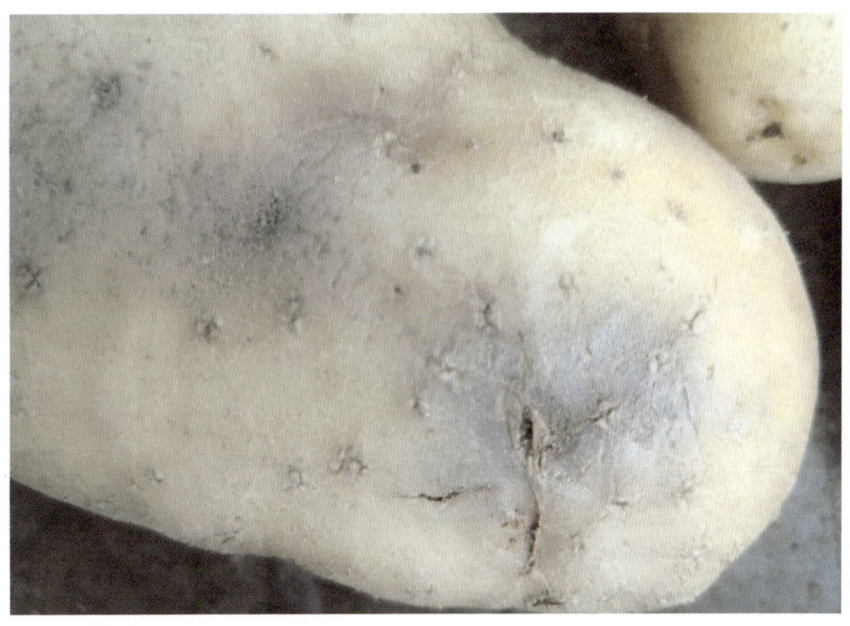

图26-2 马铃薯茎线虫病病薯

图26-3 马铃薯茎线虫为害症状

图 26-4 马铃薯茎线虫为害症状

 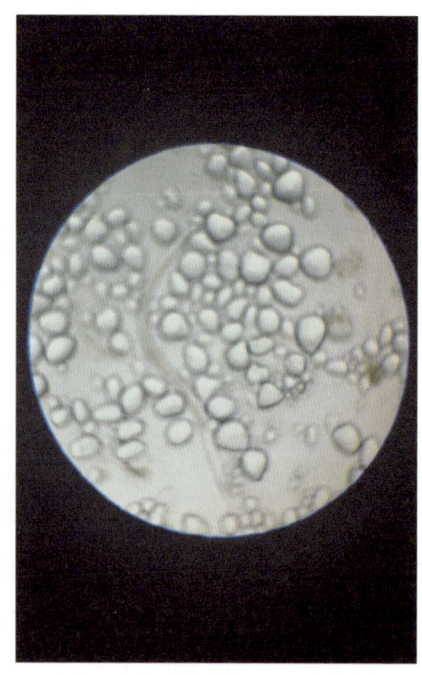

图 26-5 马铃薯茎线虫病病薯　　图 26-6 马铃薯茎线虫显微照片

**防治方法**

1. 加强种薯检疫。

2. 收获后及时清除病残体。

3. 不要用病薯及其制成的薯干、病秧作为饲料。

4. 与烟草、水稻、棉花、高粱等作物轮作。

5. 建立无病留种田,选用无病种薯。

6. 土壤处理:用福气多(10%噻唑磷颗粒剂)1.5~2公斤混土或合理选择其他如威百亩、棉隆等土壤熏蒸剂,并在允许的范围内按操作规程进行。

7. 发病初期选用露富达(41.7%氟吡菌酰胺悬浮剂)每株0.024~0.03毫升兑水浇灌。或用顺毅镇害(0.5%伊维菌素乳油)1000毫升/亩灌根。也可用威百亩、棉隆、丁硫克百威、噻唑磷、阿维菌素等药液灌根。或用1.8%阿维菌素、乐斯本,对水混用,喷洒地表后,立即翻土定植。也可用0.5%阿维菌素颗粒剂,定植前穴施。

### 27. 马铃薯胞囊线虫病

**病原**

病原为马铃薯金线虫(*Globodera rostochiensis*)和马铃薯白线虫(*G. pallida*)

**病害症状**

马铃薯胞囊线虫病包括马铃薯金线虫病和白线虫病。扒开病根,可见金黄色或白色的小颗粒,即为胞囊。线虫主要在地下根部为害,为害后植株生长不良,嫩叶常呈现苍白色,像缺肥或缺水的衰弱状,干旱条件下会产生萎蔫。

病害严重会造成植株矮化、早衰。受害根部经常出现侧根增生,开花期症状尤其明显,根部表皮上附着很多乳白或乳黄色的、略显半透明的小球形的雌虫虫体。

被害根部表皮常出现龟裂,易于受到其他腐生真菌或细菌的侵染而加剧植株枯亡。胞囊线虫雌雄异形。雄虫体为线形,雌虫成虫近球形。虫体分卵、幼虫、成虫三个历期。幼虫具4个龄期。雄雌虫体在成虫期才有形体上明显区别。

**防治方法**

1. 此病为检疫性病害,应严加限制从疫区调运带病种薯。

2. 合理进行轮作。重病地区和非寄主作物实行5年以上的轮作,水旱轮作效果更优。

3. 土壤处理及化学防治见茎线虫。

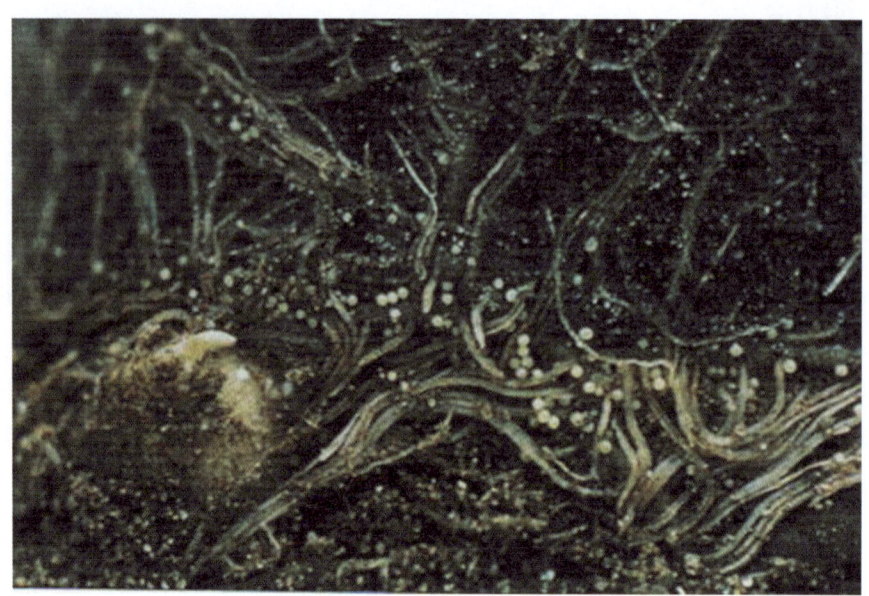

图 27-1 根上的白胞囊

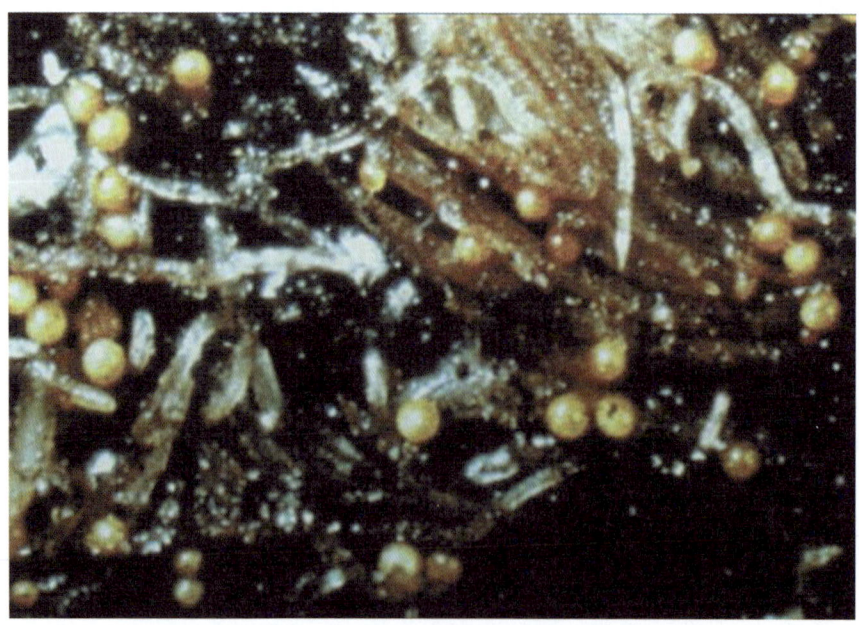

图 27-2 根上的金胞囊

图 27-3 白色雌虫

### 28. 马铃薯根腐线虫病

**病原**

病原为短体线虫（*Pratylenchus* spp.）。

**病害症状**

主要为害根部，严重的植株矮化，地上部黄化，薯块表面产生黑褐色小斑点或褐色溃疡斑，贮藏中病斑扩展后引起腐烂。线虫为害产生的伤口，为病原侵染提供了条件，因此线虫发生重的地块会加重枯萎病、黄萎病等土传病害的发生和蔓延。幼虫在块茎内移动和取食，生活历期25~50天，30℃时最短，土壤湿度高不利其成活。根腐线虫侵染后的寄主，又可受镰孢菌（引起根、维管束腐烂）、轮枝孢菌（引起维管束坏死）等病原真菌的继发侵染，造成病害更为严重，难以防治。

图28-1 根腐线虫病后期田间症状

图28-2 根腐线虫病根部症状

图 28-3 根腐线虫病薯块症状

图 28-4 根腐线虫病薯块症状

**防治方法**

1. 收获后立即清除病残体,集中销毁。

2. 严格选种,使用无线虫种薯。种植前每亩施干燥鸡粪 150~500 千克,有较高防治效果。

3. 实行 2 年以上轮作,有条件的最好实行水旱轮作。

4. 土壤处理及化学防治见茎线虫。

### 29. 马铃薯根结线虫病

**病原**

病原为根结线虫(*Meloidogyne* spp.)

**病害症状**

根结线虫为害根部,受害后马铃薯植株矮化,叶片小、黄化、卷曲,严重时叶片干枯脱落。主要发生在植株根部的须根和侧根上,被害植株的须根和侧根端部形成球形或圆锥形大小不等的串珠状瘤状物(根结)。若虫口密度大且湿度大的情况下,薯块也可受侵染,表面出现隆起的虫瘿,剖视根结及薯块尾端可见里面有一个或数个白色带光泽的颗粒,即线虫雌虫体。

图 29-1 根结线虫病根部症状

图29-2 根结线虫病薯块症状

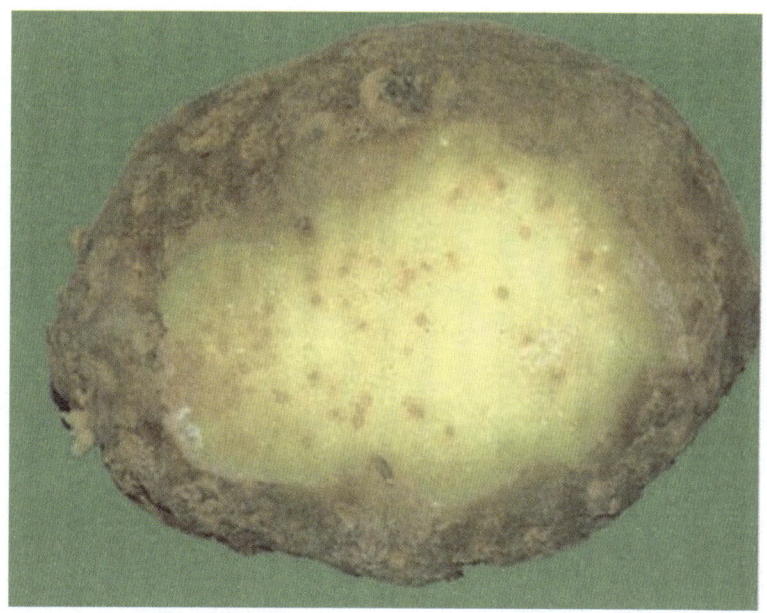

图29-3 根结线虫病薯剖面症状

**防治方法**

1. 农业防治

选用抗逆性强、适应性广、品质优良的无病虫种薯;实行轮作。在根结线虫病发区,采取与禾本科作物、大葱、大蒜、韭菜等轮作,可以减轻根结线虫的危害。有条件的种植区,可以选择水旱轮作;清除病株深埋;在马铃薯采收后彻底清除残留薯根,进行火烧薯田,以消灭土壤中的残留线虫,保护下茬作物免受根结线虫为害。

2. 化学防治

土壤处理及化学防治见茎线虫。

## 第五节 马铃薯生理性病害

### 30. 缺氮

**症状**

开花前显症,植株矮小,生长弱,叶色淡绿,继而发黄,到生长后期,基部小叶的叶缘完全失绿而皱缩,有时呈火烧状,叶片脱落。

**原因**

多发生在有机质含量较低,酸度足以抑制硝化作用的砂质土上。

图30-1 缺氮植株症状

图30-2 缺氮植株症状

图30-3 缺氮植株症状

图30-4 缺氮植株症状

**防治措施**

提倡施用酵素菌沤制的堆肥或腐熟有机肥,采用配方施肥技术。生产上发现缺氮时马上埋施发酵好的人粪,也可将尿素或碳酸氢铵等混入10~15倍腐熟有机肥中,施于马铃薯两侧,后覆土、浇水。也可在栽后15~20天结合施苗肥,每亩施入硫酸铵5公斤或人粪尿750~1000公斤。

**31. 缺磷**

**症状**

早期缺磷影响根系发育和幼苗生长;孕蕾至开花期缺磷,叶部皱缩,色呈深绿,严重时基部叶变为淡紫色,植株僵立,叶柄、小叶及叶缘朝上,不向水平展开,小叶面积缩小,色暗绿。缺磷过多时,植株生长大受影响,薯块内部易发生铁锈色痕迹。

**原因**

常出现在重质土壤上,是因固结作用使磷成为不可给的状态;轻质土壤上天然含磷量低。此外,前茬收获物消耗也可引起缺磷。

图 31-1 缺磷植株症状

图 31-2 缺磷植株症状

图 31-3 缺磷植株症状

图 31-4 缺磷顶叶症状

**防治措施**

基肥每亩施过磷酸钙15~25公斤，混入有机肥中施于10厘米以下耕作层中；第一次浇水时，每亩施用根罗（高磷腐殖酸）1~2升；开花期每亩施过磷酸钙15~20公斤；也可叶面喷洒0.2%~0.3%磷酸二氢钾或0.5%~1%过磷酸钙水溶液。

### 32. 缺钾

**症状**

植株缺钾的症状出现较迟，一般到块茎形成期才呈现出来。钾不足时叶片皱缩，叶片边缘和叶尖萎缩，甚至呈枯焦状，枯死组织棕色，叶脉间具青铜色斑点，茎上部节间缩短，茎叶过早干缩。缺钾严重会降低产量。

**原因**

淋溶的轻砂质土、腐质土、泥炭土易缺钾，常不能满足马铃薯的生长需要。

图32-1 缺钾叶片症状

图32-2 缺钾叶片症状

图32-3 缺钾叶片症状

图 32-4 缺钾植株症状

图 32-5 缺钾植株症状

图 32-6 缺钾叶片症状

图 32-7 缺钾叶片症状

**防治措施**

基肥混入200公斤草木灰。栽后40天施长薯肥时用草木灰150~200公斤或硫酸钾10公斤对水浇施。也可在收获前40~50天,喷施1%硫酸钾,隔10~15天一次,连用2~3次。也可喷洒0.2%~0.3%磷酸二氢钾或1%草木灰浸出液。

**33. 缺钙**

**症状**

早期缺钙顶芽幼龄小叶叶缘出现淡绿色色带,后坏死致小叶皱缩或扭曲,严重时顶芽或腋芽死亡,有的形成气生小薯。块茎的髓中有坏死斑点。马铃薯缺钙根部易坏死,块茎小,有畸形成串小块茎,块茎表面及内部维管束细胞常坏死。

**原因**

生长在几乎不含有钙化合物的轻砂质土壤上的马铃薯常比重质土壤上的马铃薯较早出现缺钙症状。

图33-1 缺钙症状

图33-2 缺钙植株症状(左)　缺钙薯块症状(右)

图33-3 缺钙倒伏造成的假封垄

**防治措施**

根据土壤酸碱度诊断,可底施适量石灰,熟石膏或过磷酸钙;或追施硝酸钙镁适量。叶面可喷施果蔬钙肥100~200毫升/亩或禾丰盖200~300毫升/亩。

## 34. 缺镁

**症状**

下部叶片色浅,褪绿始于最下部叶片的尖端或叶缘,并在叶脉间向小叶的中部扩展,后叶脉间布满褐色的坏死区域,叶簇增厚或叶脉间向外突出。缺镁叶片变脆。

**原因**

多发生在具有较高酸度的土壤中,或施用含有某些高浓度含氮营养物质的矿质肥料,可提高镁化合物的溶解度而造成缺镁。

图34-1 缺镁叶片症状

图34-2 缺镁叶片症状

图34-3 缺镁叶片症状

图34-4 缺镁叶片症状

**防治措施**

首先注意施足充分腐熟的有机肥或生物有机肥,改良土壤理化性质,使土壤保持中性,必要时也可施用石灰或熟石膏进行调节,避免土壤偏酸或偏碱。采用配方施肥技术,做到氮、磷、钾和微量元素配比合理,必要时测定土壤中镁的含量,当镁不足时,施用含镁的完全肥料,应急时可在叶面喷洒海藻叶镁水溶液200毫升/亩,隔5~7天1次,共喷2~3次。

**35. 缺硫**

**症状**

症状来得缓慢,叶片、叶脉普遍黄化,与缺氮类似,但叶片不干枯,植株生长受抑制,缺硫严重时,叶片上现斑点。

**原因**

长期或连续施用不含硫的肥料,易出现缺硫。

图 35-1 缺硫植株症状

图 35-2 缺硫植株症状

图35-3 缺硫植株(左)与正常植株(右)

**防治措施**

施用硫酸铵或硫酸钾等含硫的肥料。或提前底施禾丰硫20~40公斤/亩。

**36. 缺硼**

**症状**

生长点与顶芽尖端死亡,侧芽生长迅速,节间短,全株呈矮丛状,叶片增厚,边缘向上卷曲,根短且粗,褐色,根尖易死亡,块茎小,表面上常现裂痕。

**原因**

土壤酸碱化、硼素淋失、干旱或石灰施用过量,均会出现缺硼。

图36-1 缺硼植株症状

图36-2 缺硼植株老叶症状

图36-3 缺硼植株根部症状

图36-4 缺硼（木栓化、横裂）

图36-5 缺硼（茎基断裂）

**防治措施**

于苗期至始花期每亩穴施硼砂0.25~0.75公斤，或底施大粒硼200~400克/亩，也可在始花期喷施禾丰硼或速乐硼50克/亩。

**37. 缺锰**

**症状**

叶片脉间失绿，有的品种呈淡绿色。缺锰严重的叶脉间几乎变为白色，症状首先在新生的小叶上出现，后沿脉出现很多棕色的小斑点，后小斑点从叶面枯死脱落，致叶面残缺不全。

**原因**

土壤黏重，通气不良的碱性土易缺锰。

图 37-1 缺锰叶片症状

图 37-2 缺锰植株症状

**防治措施**

因土壤pH值过高而引起的缺锰,应多施硫酸铵或硫酸钾型等酸性肥料来降低pH值,如土壤本身缺锰,可每亩基施硫酸锰2000克或叶面喷洒禾丰锰50毫升/亩1~2次。

## 38. 缺锌

**症状**

植株生长受抑制,节间短,顶端的叶片向上直立,叶小,叶面上有灰色至古铜色的不规则斑点,叶缘向上卷曲,形成船型叶片和灰棕色坏死斑,田间常表现条形地块植株褪绿。严重时,叶柄及茎上出现褐色斑点。

**原因**

土壤有效锌含量低是主要原因。石灰性土壤、盐碱土壤和风沙土壤为严重缺锌土壤类型。这类土壤的有机质含量低,大多在1%左右,保水保肥能力较差,大多有效锌含量不足1~1.5毫克/公斤。

盲目大量施用磷肥是诱发缺锌的另一原因。磷和锌二者会起拮抗作用,植株P/Zn值≥400时,植物极易出现缺锌症状,原因是锌和磷酸根混合易形成磷酸锌沉淀,从而降低了锌肥的有效性。

高产地块由于连年高产,从土壤中带走大量的锌而没有及时地归还锌养分是马铃薯缺锌的第三大原因。

图38-1 缺锌叶片症状

图 38-2 缺锌叶片症状

图 38-3 缺锌叶片症状

图38-4 缺锌植株田间症状

**防治措施**

缺锌土壤基施硫酸锌0.5~1千克/亩或大粒锌200~400克/亩。植株出现缺锌症，可叶面喷施禾丰锌50毫升/亩，每10天左右喷一次。

**39. 缺铁**

**症状**

幼龄叶片轻微失绿，小叶的尖端边缘处长期保持其绿色，褪色的组织出现清晰的浅黄色至纯白色，褪绿的组织向上卷曲。

**原因**

土壤中磷肥多或偏碱性，影响铁的吸收和运转，出现缺铁症状。

图39-1 缺铁叶片症状

图 39-2 缺铁叶片症状

图 39-3 缺铁叶片症状

图39-4 缺铁植株症状

图39-5 缺铁植株叶片后期症状

### 防治措施

缺铁地块可以底施黑帆(硫酸亚铁)25~50公斤/亩,生长期特别是马铃薯封垄前叶面喷施禾丰铁30~50克/亩或丰利慧铁50~100毫升/亩。连喷2~3次。

### 40. 缺钼

### 症状

钼是硝酸还原酶和固氮酶的组成成分,缺钼会影响氮代谢和植物固氮。缺钼的主要特征是植株矮小、生长缓慢,叶片失绿,且有大小不一的黄色或橙色斑点。严重缺钼时,叶缘萎蔫并向上卷曲呈杯状,老叶颜色首先变淡或出现黄化。随着缺乏程度的加深,其他部位的叶片也会显现缺乏症状,通常在叶缘尚未发生卷曲或枯萎前,叶脉间先显现黄绿色或黄色斑点,严重时斑点数激增,在叶片未完全成熟前即掉落。

图40 左边为缺钼叶片(轻微黄化、略小),右边为正常叶片

### 防治措施

1. 施用钼肥钼酸铵或钼酸钠效果相仿,土施、喷施、拌种均可,一般公顷用量150克即够喷施浓度0.005%~0.01%。由于磷能促进钼的吸收,可以把钼肥混入磷肥中施用,方便有效。

2. 严重缺钼田块可喷施禾丰钼50毫升/亩。

**41. 高温病**

**症状**

马铃薯IBS,俗称高温病,是马铃薯高温区常发性病害,属马铃薯生理性病害。初发时,马铃薯叶片表现为向上卷曲,中午失水性萎蔫,早晚恢复。由于水分蒸发,从叶尖叶缘开始干枯,形成干枯斑。持续高温,会造成马铃薯叶片出现斑枯状病斑,茎秆中空,马铃薯干物质含量不够。薯块表现为中空,有放射性黑色坏死条斑等症状,严重时会形成糖末端。

**原因**

马铃薯原产冷凉的南美洲安第斯山区,是喜欢低温,不耐高温的作物。其地下薯块形成和生长需要疏松透气、凉爽湿润的土壤环境。马铃薯对温度要求严格:茎叶生长的适温是15~25℃,块茎生长的适温是16~18℃。当地温高于25℃,气温高于30℃时,马铃薯叶片水分蒸发速度大于土壤供应速度,导致叶片出现失水性干枯病斑。同时,马铃薯根系吸收水肥的能力减弱,向上供应的肥料不能满足枝叶对肥料的需求,产生饥饿型病斑。高温持续时,为了维护地上茎叶正常生长,地下茎及块茎中的营养供应向上输送,致使茎干中空或块茎内部变色或中空,干物质降低。

图41-1 马铃薯高温病

图41-2 马铃薯高温障碍

图41-3 马铃薯高温障碍

图41-4 马铃薯高温障碍

图41-5 马铃薯高温障碍

图41-6 马铃薯高温障碍

图41-7 马铃薯高温障碍

图41-8 马铃薯高温障碍

图41-9 马铃薯高温障碍

图41-10 马铃薯高温障碍

**防治措施**

1. 高温区应适当密植,靠密度相互遮荫,减少水分蒸发。

2. 高温时加强水肥管理,第一次浇水时,每亩施用根罗(高磷腐殖酸)1~2升,促进生根,提高抗性。

3. 高温来临前1~2天,喷施遮阳王(薄荷烯)50~100毫升/亩,以减少水分蒸腾。

4. 叶面喷施全营养叶面肥(N+P+K+Te)100~200克/亩,以补充地下营养供应不足。

5. 及时防治早疫病,褐斑病,炭疽病,以防病害加重。

**42. 空心病**

**症状**

马铃薯空心病初时薯块中心组织呈水渍状或透明状,有的中心出现褐色坏死斑。后期的块茎中心附近形成一个空洞。多数空洞呈透镜状或星状,其边缘多呈角状;有的在块茎内部出现裂缝;也有的空心形状呈球形或不规则形。

 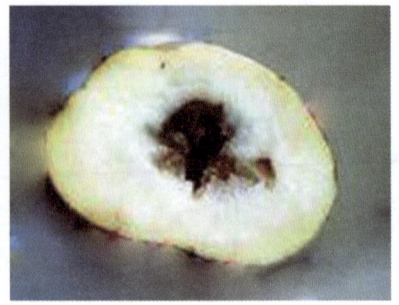

图42 马铃薯空心病

**原因**

往往由于块茎发育过于迅速、组织扩展不均衡所致。导致这种现象的原因有多方面：

一、植株群体结构不合理时，引致一些薯块生长过于旺盛，内外组织发展不均衡，往往空心严重。

二、钾肥缺乏的影响。钾肥在临界含量以下可能是易患空心的因素之一。

三、水分供应不合理。前期水分缺乏，其后突然变为适于快速生长的环境条件，也会诱使块茎产生空心。这些情况，在生长季节或栽培管理适于薯块迅速膨大时，空心最为严重。很显然，迅速生长的块茎其空心率比生长较缓慢的高。相对的，栽培中缩小株间距离、增加钾肥用量、合理肥水管理等，可降低空心的发生率。不同的品种间发病率不同。

**防治措施**

1. 栽植发病率低的抗性品种。

2. 密度合理，避免缺苗，调节株间距离，增加植株间的竞争，从而阻止块茎过速生长和膨大，降低空心的发病率。

3. 加强栽培管理，保证植株生长的水分供应，避免出现旱涝不均的情况，促进块茎均衡一致地发育生长。

4. 增施钾肥，减少空心发病率。

**43. 黑心病**

**症状**

主要是薯块贮藏器受害。在块茎中心部分，形成黑至蓝黑色的不规则花纹，由点到块发展成黑心。病情发展严重，可使整个薯块变色。黑心受害处边缘界限明显，后期黑心组织渐变硬化。在室温情况下，黑心部位可以变软，变成墨黑色。不同的块茎对引起黑心的反应有很大的差别。

**原因**

由于块茎内部组织供氧不足引致呼吸窒息所造成。在不同的环境条件下，从内部变粉褐色到坏死，直至病情严重发展形成的黑心，均为缺氧引起。当氧气从块茎组织内部被排除或不能到达内部组织时，黑心会逐渐发展。同时，黑心病情发展受着温度的影响。温度较低时，黑心发展较为缓慢；但过低的温度(0~2.5℃)黑心发展较为迅速；而且在特高温度下(36~40℃)，即便有氧气，但因不能快速通过组织扩散，黑心也会发展。因此，过高、过低的极端温度、过于封闭的贮藏条件(通透性差)，均会加重黑心病情。

图43-1 马铃薯黑心病

图43-2 马铃薯黑心病

**防治措施**

对生理性黑心,要改善薯块贮运条件,散埋贮存时避免过厚,并选阴凉、通风处。装袋时,要避免采取不透气的塑料袋,并避免强光长时间照射。据实验,在高温缺氧条件下,黑心病发展很快。在36℃时,3天即发生黑心,27~30℃时,6~12天发生黑心。此外,生理性黑心薯块,也不宜作种,因为病薯会发生糜烂而不出苗。

## 44. 二次生长

**症状**

马铃薯块茎畸形,形状各异。表现为,在块茎的末端或其他芽眼处再次生长,形成一个或多个次级块茎,出现典型的瓶装块茎、节状块茎、瘤状块茎、发芽块茎和链状块茎。

**原因**

块茎膨大过程中出现高温天气,是二次生长出现的主要原因。高温时,植物的激素系统发生变化。尤其是夜间高温在这一过程中起着决定性的作用。即使有足够的水分可供植物生长,大于23℃的高温也会导致植物暂时从块茎形成阶段恢复到茎叶生长阶段,导致块茎停止生长和块茎顶端优势减小。高温刺激分枝以及茎和匍匐茎纵向生长,诱导新块茎的形成和块茎的再生。土壤高温加剧,会加速和加重症状的发展。

土壤干旱是二次生长的另一个重要原因。症状表现的轻重决定于干旱的严重程度与持续时间。

营养不足以及病害发生也是二次生长的原因之一。

图44-1 二次生长

图44-2 二次生长

图44-3 二次生长

图44-4 二次生长

**防治措施**

1. 在有二次生长频发历史的高温区，建议在种植前和出苗后三周内分施2/3和1/3的氮肥，第一次浇水时，每亩施用根罗(高磷腐殖酸)1~2升；开花期每亩施过磷酸钙15~20kg；也可叶面喷洒0.2%~0.3%磷酸二氢钾或0.5%~1%过磷酸钙水溶液。

2. 及时灌溉可防止马铃薯萎蔫并持续提供荫凉，降低土壤温度。

3. 炎热天气期间，喷施遮阳王(薄荷烯)可在一定程度上缓解二次生长。

4. 及时喷施具有控旺作用的杀菌剂如秀特(25%丙环唑)、法砣(啶氧菌酯+丙环唑)、爱苗(苯醚甲环唑+丙环唑)、扬彩(嘧菌酯+丙环唑)、拿敌稳(肟菌酯+戊唑醇)等农药。

**45. 生理性裂口**

**成因**

马铃薯裂口原因较为复杂，品种、土壤、水肥、温度、病毒、除草剂、激素、线虫等均可造成马铃薯不同程度的裂口。

品种原因：现在市场上流行的一些高产品种，具有薯型好、品质高、产量大的优点，这类品种中有些具有薯皮薄，生长速度快，膨大迅速，对水肥敏感等特点，遇到外部环境变化，内部细胞分裂快，外部细胞分裂慢，极易造成裂口现象。有些早熟、极早熟品种或晚熟品种过早种植，也会造成裂口。马铃薯种薯脱毒不干净，或受到病毒侵染的马铃薯块茎，被侵染部位的细胞不进行细胞分裂或分裂速度减慢，而未侵染部分正常分裂，生长速度不一致也会导致裂口现象出现。

土壤原因：土壤黏重，通透性差，土块硬，颗粒大，厌氧环境，管理粗放的地块也易造成裂口。

水肥原因：水分供应不规律，在干旱期间块茎停止生长，薯皮木栓化，失去弹性，突然灌溉或下雨，块茎快速生长，表面张力增大造成裂口。另外，偏施氮肥，忽略钙、硅、硼、钾肥等元素也是造成裂口的重要原因。

温度原因：前期低温，生根差，根系不发达，均匀吸收水肥能力差。中后期高温，致使块茎外层细胞分裂速度减慢，内部细胞正常膨大，也会导致裂口。

病害原因：L.J.Turkensteen和A.Mulder研究表明立枯丝核菌的为害可以导致马铃薯裂口。真菌菌丝侵染块茎表皮后释放毒素，毒素抑制块茎表皮以正常速度生长，而未侵染部分的组织正常生长，从而导致局部开裂。另外，一些微小害虫，包括线虫的为害也是造成裂口的重要因素。

除草剂原因：部分残效期较长的除草剂如莠去津、安宁乙呋磺、氟胺磺隆、二氯吡啶酸、咪唑乙烟酸、氟磺胺草醚等，会使马铃薯代谢紊乱，造成裂口。当茬使用劣质砜嘧磺隆，也会使马铃薯裂口。

激素原因：滥用或过量使用激素如生长素、膨大素等，使块茎内外生长速度不一致，经常会引起裂口。

**防治措施**

1. 选用合格的脱毒种薯。

2. 精耕细作，避免粗放耕作。

3. 平衡施肥，忌氮肥太大。注重钙、硅、钾等品质元素，增加薯皮厚度，提高抗裂口能力。

4. 均匀浇水，避免忽干忽湿。

5. 提前预防马铃薯黑痣病、地下害虫及线虫。

6. 忌滥用激素，滥用除草剂。

图 45-1 生理性裂口

图 45-2 生理性裂口

### 46. 六月病

**症状**

一般在下部叶片上可见细小、稍凹陷的坏死斑。大多数情况下,这些斑点在叶片的下部比上部表现明显。症状与缺锰症极为相似,但病斑要大一些,不规则分布,不是沿叶脉走向分布。其症状仅局限在叶片上,块茎上并无表现。叶斑通常局限在外层叶片。地头及种植密度较稀处表现明显。叶斑的症状类似于国外所描述的臭氧和过氧乙酰硝酸酯(PAN)等氧化性物质引起的损害。

**原因**

这种病害通常发生在六月上半月。Dr.Ir.A.Mulder & Dr.Ir.L.J.Turkensteen 称之为"eight of June disease"。导致这种病害发生的原因还不清楚,到目前为止,试图从病叶中分离病原菌的尝试均告失败。通常在质地较差的土壤中生长的马铃薯上更易发病。对微量元素敏感的品种发病率远远高于普通品种。脱毒不够充分,级别低的退化株发病尤为突出。

图46-1 六月病下层叶片易发病　　图46-2 六月病病叶正面

图46-3 六月病病叶背面

**防治措施**

1. 选用脱毒种薯。
2. 加强水肥管理。
3. 微量元素特别是硼、锰、锌提早使用。

# 第二章 马铃薯虫害

## 47. 蛴螬

**学名**

蛴螬（*Holotrichia diomphalia* Bates），金龟总科。

**为害特征**

主要以幼虫形态取食马铃薯地下部分。

**形态特征**

体肥大，体型弯曲呈C型，多为白色，少数为黄白色。头部褐色，上颚显著，腹部肿胀。体壁较柔软多皱，体表疏生细毛。头大而圆，多为黄褐色，生有左右对称的刚毛，刚毛数量的多少常为分种的特征。如华北大黑鳃金龟的幼虫为3对，黄褐丽金龟幼虫为5对。蛴螬具胸足3对，一般后足较长。腹部10节，第10节称为臀节，臀节上生有刺毛，其数目的多少和排列方式也是分种的重要特征。

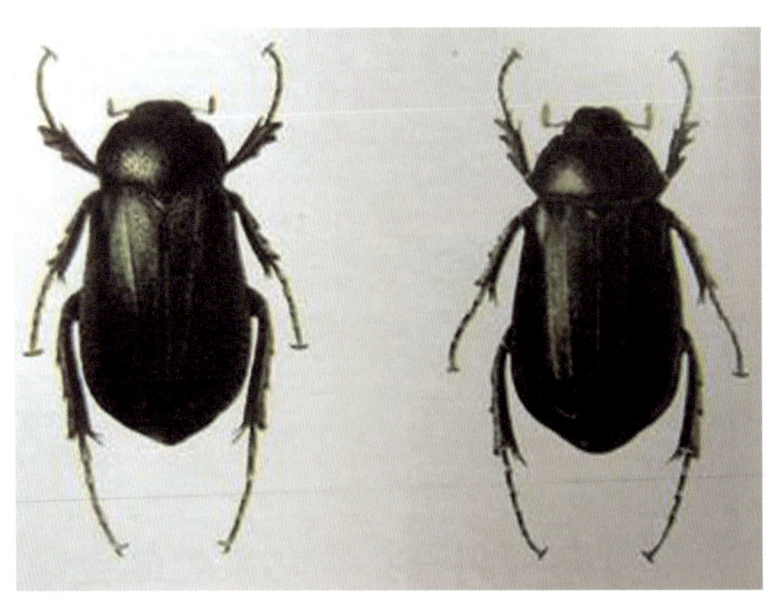

图47-1 暗黑鳃金龟和华北大黑鳃金龟成虫

图47-2 东北大黑鳃金龟成虫及幼虫

图47-3 阔胸犀金龟

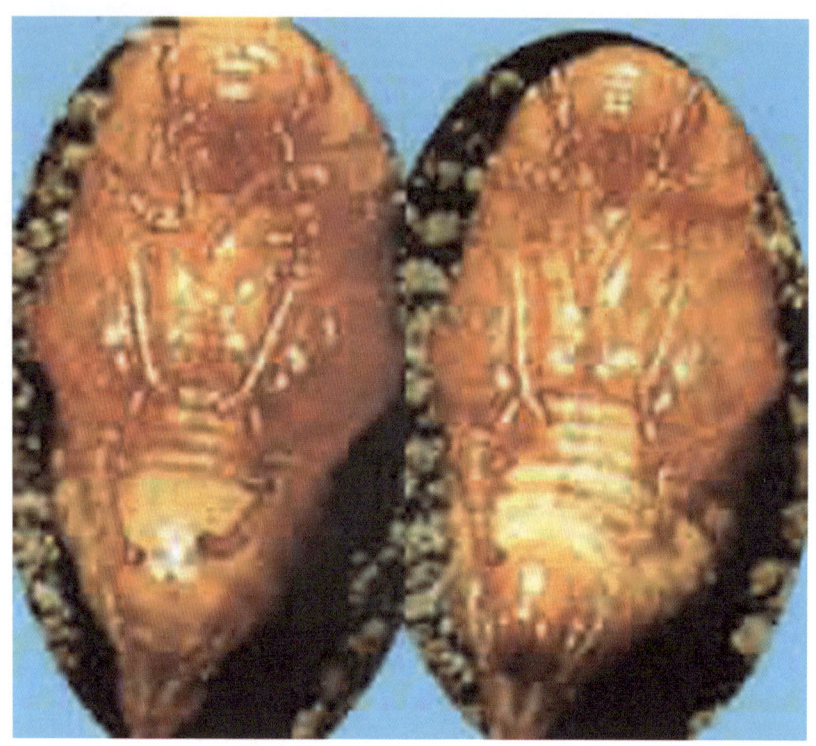

图47-4 大黑鳃金龟蛹

图47-5 蛴螬

图47-6 蛴螬为害状

图47-7 蛴螬为害状

**防治方法**

1. 适时秋耕,将部分成虫和幼虫翻至地表,使其风干、冻死或被天敌捕食以及机械杀伤。

2. 合理安排茬口,避免与大豆、花生、玉米等喜食寄主套作,重发生地块实行水旱或葱蒜类轮作。

3. 施用充分腐熟的农家肥,避免将幼虫和虫卵带入菜田。

4. 黑光灯诱杀成虫。在成虫盛发期,每30亩菜田设40W黑光灯1盏,距地面30厘米,灯下挖一土坑(直径约1米),铺膜后加满水再加微量煤油封闭水面。傍晚开灯诱集,清晨捞出死虫,并捕杀未落入水中的活虫。

5. 人工捕杀。发现苗被害,挖出土中的幼虫。利用成虫假死性,用竹竿敲击寄主,震落捕杀。

6. 药剂防治。

(1)种薯包衣:用锐胜350或高巧16~20毫升,或路明卫4~8毫升加水1.5升拌100公斤种薯或用薯来宝(30%噻虫腈·咯菌腈·嘧菌酯种衣剂)按药种比1:1000包衣。

(2)拌种:用50%辛硫磷与水和种子按1:7.5:500的比例拌种。

(3)毒土或毒饵:用50%辛硫磷乳油每亩200~250毫升,加水10倍喷于30公斤细土上拌匀制成毒土,播种时条施或穴施。或将该毒土撒于种沟或地面,随即耕翻或混入厩肥中施用;每亩地用25%辛硫磷胶囊剂150~200克拌谷子等饵料5公斤,或50%辛硫磷乳油50~100克拌饵料3~4公斤,撒于种沟中。

(4)颗粒剂:用家宝福(0.5%联苯菊酯+0.5%噻虫胺颗粒剂)2~3公斤/亩或用5%辛硫磷颗粒剂,每亩2.5~3公斤撒在种薯旁。

(5)沟施:用锐胜350或高巧50~60毫升,或路明卫10毫升,加水30升,于播种时喷施到种薯上下及附近。

(6)生长期蛴螬发生较重时,可用好年冬(20%丁硫克百威乳油)100~200毫升/亩、40%辛硫磷乳油500毫升/亩,或80%敌百虫可溶性粉500克/亩或乐斯本(48%毒死蜱乳油)200~300毫升/亩灌根。

(7)田间成虫多时可进行药剂喷雾防治,可用功夫(2.5%高效氟氯氰菊酯水乳剂)20~30毫升/亩,或清灭(10%高效氯氰菊酯乳油)7~10毫升/亩,或灭百可(10%顺式氯氰菊酯乳油)5~10毫升/亩,或用敌杀死(2.5%溴氰菊酯乳油)20~30毫升/亩。

## 48. 金针虫

**学名**

金针虫（*Agriotes fuscicollis*），包括沟金针虫、细胸金针虫等，鞘翅目叩头虫科。

**为害特征**

主要幼虫为害薯块。可咬断刚出土的幼苗，也可钻入已长大的幼苗根里取食为害，被害处不完全咬断，断口不整齐。还能钻蛀较大的块茎，蛀成孔洞，被害株干枯死亡。

**形态特征**

沟金针虫末龄幼虫体长20~30毫米，体扁平，黄金色，背部有一条纵沟，尾端分成两叉，各叉内侧有一小齿；成虫体长14~18毫米，深褐色或棕红色，全身密被金黄色细毛，前脚背板向背后呈半球状隆起。细胸金针虫末龄幼虫体长23毫米左右，圆筒形，尾端尖，淡黄色，背面近前缘两侧各有一个圆形斑纹，并有四条纵褐色纵纹；成虫体长8~9毫米，体细长，暗褐色，全身密被灰黄色短毛，并有光泽，前胸背板略带圆形。

图48-1 金针虫成虫

图48-2 金针虫幼虫及为害状

图48-3 金针虫幼虫及为害状

**防治方法**

1.适时秋耕,将部分成虫和幼虫翻至地表,使其风干、冻死或被天敌捕食以及机械杀伤。

2.化学防治方法见蛴螬。

## 49. 地老虎

**学名**

地老虎（*Agrotis ypsilon*），鳞翅目夜蛾科地老虎属，包括小地老虎、黄地老虎、大地老虎、白边地老虎等。

**为害特征**

主要以幼虫为害植物幼苗，3龄以前主要在嫩头、嫩叶上取食，食成凹斑、缺刻或孔洞；3龄后则潜入土中，咬食地下嫩茎及根，严重时造成缺苗断垄。

**形态特征**

以小地老虎为例。小地老虎卵馒头形，直径约0.5毫米、高约0.3毫米，具纵横隆线。初产乳白色，渐变黄色，孵化前卵一顶端具黑点。蛹体长18~24毫米、宽6~7.5毫米，赤褐有光。口器与翅芽末端相齐，均伸达第4腹节后缘。腹部第4~7节背面前缘中央深褐色，且有粗大的刻点，两侧的细小刻点延伸至气门附近，第5~7节腹面前缘也有细小刻点；腹末端具短臀棘1对。幼虫筒形，老熟幼虫体长37~50毫米、宽5~6毫米。头部褐色，具黑褐色不规则网纹；体灰褐至暗褐色，体表具粗糙，布大小不一而彼此分离的颗粒，背线、亚背线及气门线均黑褐色；前胸背板暗褐色，黄褐色臀板上具两条明显的深褐色纵带；腹部1~8节背面各节上均有4个毛片，后两个比前两个大1倍以上；胸足与腹足黄褐色。体长17~23毫米、翅展40~54毫米，头、胸部背面暗褐色，足褐色，前足胫、跗节外缘灰褐色，中后足各节末端有灰褐色环纹。前翅褐色，前缘区黑褐色，外缘以内多暗褐色；基线浅褐色，黑色波浪形内横线双线，黑色环纹内有一圆灰斑，肾状纹黑色具黑边、其外中部有一楔形黑纹伸至外横线，中横线暗褐色波浪形，双线波浪形外横线褐色，不规则锯齿形亚外缘线灰色、其内缘在中脉间有三个尖齿，亚外缘线与外横线间在各脉上有小黑点，外缘线黑色，外横线与亚外缘线间淡褐色，亚外缘线以外黑褐色。后翅灰白色，纵脉及缘线褐色，腹部背面灰色。成虫对黑光灯及糖醋酒等趋性较强。

图49-1 小地老虎成虫

图49-2 黄地老虎成虫

图49-3 小地老虎幼虫及为害状

**防治方法**

1. 早春清除田中及周围杂草。

2. 捕虫灯诱杀成虫。采用6份糖、3份醋、1份白酒、10份水和1份90%敌百虫调匀,在成虫发生期诱杀成虫。

3. 配制毒饵,播种后即在行间或株间进行撒施。毒饵配制方法:①豆饼(麦麸)毒饵：豆饼（麦麸）20～25公斤，压碎、过筛成粉状，炒香后均匀拌入40%辛硫磷乳油0.5公斤，农药可用清水稀释后喷入搅拌，以豆饼（麦麸）粉湿润为好，然后按每亩用量4～5公斤撒入幼苗周围。②青草毒饵：青草切碎，每50公斤加入40%辛硫磷乳油0.3～0.5公斤，拌匀后成小堆状撒在幼苗周围，每亩用毒饵20公斤。

4. 化学防治方法见蛴螬。

## 50. 芫菁

### 学名

豆芫菁（*Epicauta gorhami* Marseul），斑芫菁（*Mylabris phalerata* Pallas）等。

### 为害特征

成虫群集为害，趋势叶片，食成缺刻或孔洞，严重时仅剩叶脉，影响马铃薯产量和质量。

### 形态特征

成虫一般为中型，长圆筒形，黑色或黑褐色，也有一些种类色泽鲜艳。头下口式，与身体几成垂直，具有很细的颈。触角11节，丝状或栉齿状。前胸一般窄于鞘翅基部，鞘翅长达腹端，或短缩露出大部分腹节，质地柔软，两翅在端分离，不合拢。足细长，跗节5-5-4式，爪纵裂为2片，前足基节窝开放。

图50-1 二条豆芫菁成虫

图50-2 斑芫菁成虫

图50-3 中华豆芫菁成虫

图50-4 红头豆芫菁成虫

图50-5 存疑豆芫菁成虫

图50-6 存疑豆芫菁雄虫

图50-7 红头豆芫菁雄虫

图50-8 芫菁幼虫

图50-9 芫菁二龄蛴螬型幼虫

图50-10 芫菁伪蛹

图50-11 五龄幼虫蜕皮化蛹

图 50-12 二条芫菁为害状

图 50-13 中华豆芫菁为害状

**防治方法**

1. 冬季农田进行深耕,使越冬幼虫冻死或被天敌杀死,增加越冬幼虫的死亡率。有条件的地区最好实行水旱轮作,进一步减少越冬幼虫。

2. 成虫点片发生时,可用人工网捕成虫。成虫有群集为害习性,可于清晨网捕成虫。

3. 药剂防治:

功夫(2.5%高效氟氯氰菊酯水乳剂)20~30毫升/亩。

清灭(10%高效氯氰菊酯乳油)7~10毫升/亩。

灭百可(10%顺式氯氰菊酯乳油)5~10毫升/亩。

敌杀死(2.5%溴氰菊酯乳油)20~30毫升/亩。

## 51. 蝼蛄

**学名**

蝼蛄（*Gryllotalpa*），直翅目蝼蛄科。

**为害特征**

蝼蛄成虫和若虫在土中咬食刚播下的种子和幼芽，或将幼苗根、茎部咬断，使幼苗枯死，受害的根部呈乱麻状。蝼蛄在地下活动，将表土穿成许多隧道，使幼苗根部透风和土壤分离，造成幼苗因失水干枯致死，缺苗断垄，严重时甚至毁种。

**形态特征**

体长圆形，淡黄褐色或暗褐色，全身密被短小软毛。雌虫体长约3厘米余，雄虫略小。头圆锥杉，前尖后钝，头的大部分被前胸板盖住。触角丝状，长度可达前胸的后缘，第1节膨大，第2节以下较细。复眼，1对，卵形，黄褐色；复眼内侧的后方有较明显的单眼3个。口器发达，咀嚼式。前胸背板坚硬膨大，呈卵形，背中央有1条下陷的纵沟，长约5毫米。翅2对，前翅革质，较短，黄褐色，仅达腹部中央，略呈三角形；后翅大，膜质透明，淡黄色，翅脉网状，静止时蜷缩折叠如尾状，超出腹部。足3对，前足特别发达，基节大，圆形，腿节强大而略扁，胫节扁阔而坚硬，尖端有锐利的扁齿4枚，上面2个齿较大，且可活动，因而形成开掘足，适于挖掘洞穴隧道之用。后足腿节大，在胫节背侧内缘有3~4个能活动的刺，腹部纺锤形，背面棕褐色，腹面色较淡，呈黄褐色，末端2节的背面两侧有弯向内方的刚毛，最末节上生尾毛2根，伸出体外。

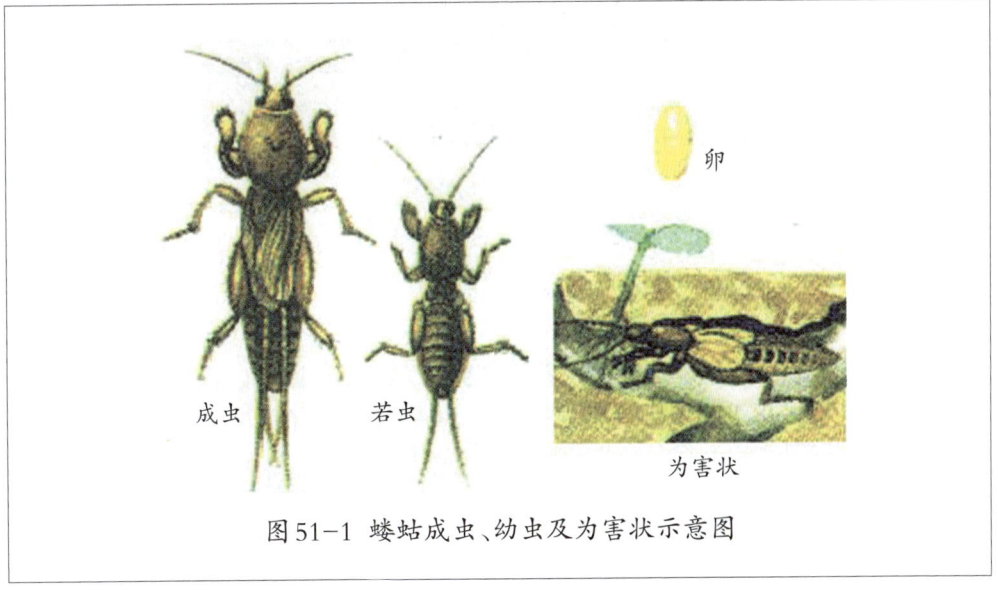

图51-1 蝼蛄成虫、幼虫及为害状示意图

# 马铃薯病虫害的识别与防治

图51-2 华北蝼蛄

图51-3 东方蝼蛄

**防治方法**

1. 避免使用未充分发酵腐熟的马粪等农家厩肥。

2. 根据蝼蛄夜间出土活动,成虫对香甜物有强烈趋性,撒施毒饵进行防治。可选用秕谷、麦麸、豆饼、棉籽饼或碎玉米粒之类炒香后,每公斤拌入30毫升90%敌百虫30倍液,或40%辛硫磷乳油10倍液。

3. 其他化学防治办法见蛴螬防治。

### 52. 蚜虫

**学名**

桃蚜[*Myzus persicae*（Sulzer）]，马铃薯长管蚜[*Macrosiphum euphorbiae*（Thomas）]，属半翅目蚜科。

**为害特征**

桃蚜是广食性害虫，寄主植物约有74科285种。主要以刺吸式口器吸食叶片内养分。桃蚜以极大的繁殖力迅速布满叶片，使叶片严重失水和营养不良，造成叶片卷皱发黄，影响产量。桃蚜还是多种病毒的传播者。

马铃薯长管蚜主要刺吸马铃薯的茎、叶及嫩枝汁液，使叶片出现卷缩、黄斑或全部枯黄枯死等症状，同时导致马铃薯病毒病的发生和流行，严重影响了马铃薯的产量和品质。

**形态特征**

桃蚜：无翅孤雌蚜体长约2.6毫米，宽1.1毫米，体色有黄绿色，洋红色。腹管长筒形，是尾片的2.37倍，尾片黑褐色；尾片两侧各有3根长毛。有翅孤雌蚜体长2毫米。腹部有黑褐色斑纹，翅无色透明，翅痣灰黄或青黄色。有翅雄蚜体长1.3～1.9毫米，体色深绿、灰黄、暗红或红褐。头胸部黑色。卵椭圆形，长0.5～0.7毫米，初为橙黄色，后变成漆黑色而有光泽。

马铃薯长管蚜：体长约3.4mm。足长，触角比身体长，腹管为圆柱形，向外部展开。

图52-1 无翅孤雌蚜（马铃薯长管蚜）　　图52-2 有翅孤雌蚜（马铃薯长管蚜）

图 52-3 无翅孤雌蚜(桃蚜)

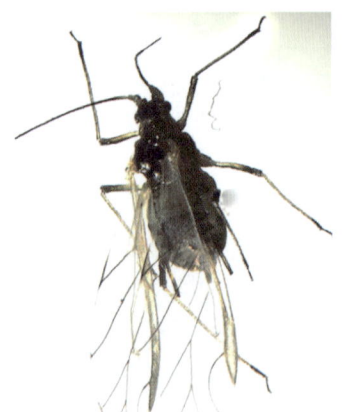

图 52-4 有翅孤雌蚜(桃蚜)

图 52-5 蚜虫为害状

图 52-6 蚜虫为害状

图 52-7 蚜虫为害状

**防治方法**

1. 铲除田间、地边杂草,有助于切断蚜虫中间寄主和栖息场所,消灭部分蚜虫。

2. 必要时在有翅蚜向薯田迁飞时,田间插上涂有机油的黄板(黄板高出作物60厘米,30块/亩),诱杀有翅蚜,或在田间插竿拉挂10厘米宽的银灰色反光膜条驱避蚜虫。

3. 沟施

锐胜(70%噻虫嗪种衣剂)25~30毫升/亩。

锐胜350(30%噻虫嗪悬浮种衣剂)50~60毫升/亩。

高巧(60%吡虫啉悬浮种衣剂)50毫升/亩。

路明卫(50%氯虫苯甲酰胺悬浮种衣剂)10毫升/亩。

亮探(24%氟酰胺嘧菌酯噻虫嗪悬浮种衣剂)100~120毫升/亩。

4. 叶喷

阿立卡(22%噻虫高氯氟微囊悬浮剂)5~10毫升/亩。

特福力(22%氟啶虫胺腈悬浮剂)10克/亩。

英威(5%双丙环虫酯可分散液剂)10~16毫升/亩。

艾美乐(70%吡虫啉水分散粒剂)5~10克/亩。

绿颖(99%矿物油乳油)120~150毫升/亩。

功夫(2.5%高效氯氟氰菊酯水乳剂)12~17毫升/亩。

好年冬(20%丁硫克百威乳油)30~50毫升/亩。

莫比朗(20%啶虫脒可溶粉剂)5~10克/亩。
阿克泰(25%噻虫嗪水分散粒剂)8~15克/亩。
顶峰(50%吡蚜酮水分散粒剂)20~30克/亩。
隆施(10%氟啶虫酰胺水分散粒剂)35~50克/亩。
顺毅必喜(70%吡虫啉水分散粒剂)5~10克/亩。
隔7~10天1次,交替喷施,特别注意喷药要细致周到。

### 53. 二十八星瓢虫

**学名**

二十八星瓢虫[Henosepilachna vigintioctopunctata (Fabricius), Henosepilachna vigintioctomaculata (Motschulsky)],鞘翅目瓢虫科。

**为害特征**

成、幼虫在叶背取食,取食后叶片仅存表皮,形成不规则半透明的细凹纹,状如箩底,也能将叶吃成孔状或仅存叶脉。为害严重时,受害植株叶片干枯,植株死亡。

**形态特征**

马铃薯瓢虫成虫体长7~8毫米,半球形,赤褐色,体背密生短毛,并有白色反光。前胸背板前缘凹陷,前缘角突出,中央有一个较大的剑状斑纹,两侧各有2个黑色小斑,有时合并成1个。两鞘翅各有14个黑色斑,鞘翅基部3个黑斑后面的4个斑不在一条直线上;两鞘翅合缝处有1~2对黑斑相连。

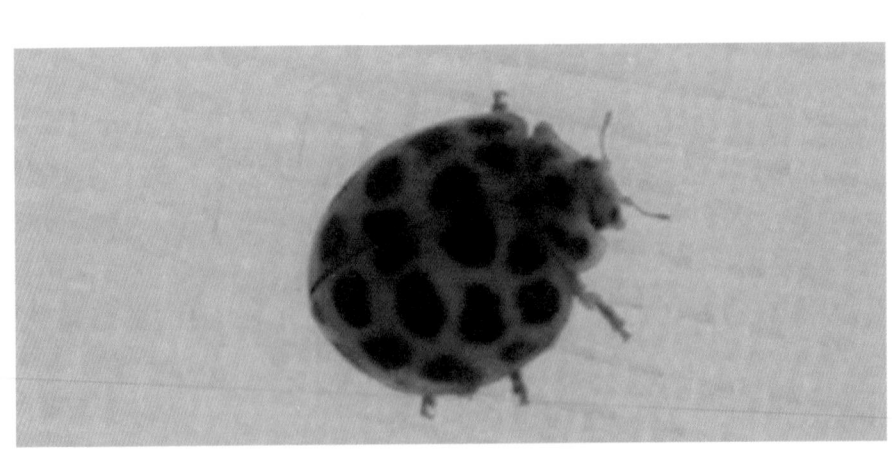

图53-1 二十八星瓢虫成虫

图53-2 二十八星瓢虫成虫

图53-3 二十八星瓢虫卵

图53-4 二十八星瓢虫幼虫

图53-5 二十八星瓢虫蛹

图53-6 二十八星瓢虫为害马铃薯症状

图53-7 二十八星瓢虫为害状

图53-8 二十八星瓢虫为害状

**防治方法**

1. 清除田园的杂草和残株,降低越冬虫源基数。
2. 根据成虫的假死性,可以拨打植株,捕捉成虫。
3. 用人工摘除叶背上的卵块和植株上的蛹,并集中杀灭。
4. 药剂防治:

功夫(2.5%高效氟氯氰菊酯水乳剂)20~30毫升/亩。

清灭(10%高效氯氰菊酯乳油)7~10毫升/亩。

灭百可(10%顺式氯氰菊酯乳油)5~10毫升/亩。

敌杀死(2.5%溴氰菊酯乳油)20~30毫升/亩。

好年冬(20%丁硫克百威乳油)30~50毫升/亩。

## 54. 双斑长跗萤叶甲

**学名**

双斑长跗萤叶甲(*Monolepta hieroglyphica*),鞘翅目叶甲科。

**为害特征**

双斑长跗萤叶甲以成虫为害,将叶片啃食成孔洞或仅残留网状叶脉。

**形态特征**

成虫长卵形,棕黄色,具光泽,体长3.6~4.8毫米,宽2~2.5毫米。复眼卵圆形。触角丝状,端部黑色,11节,长为体长的2/3。前胸背板隆起,宽大于长,密布许多细小刻点;小盾片黑色,三角形。鞘翅有线状细刻点,每个鞘翅基半部有1个近圆形浅斑,四周黑色,浅色斑后外侧多不完全封闭,其后面黑色带纹向后突伸成角状,有些个体黑带纹不明显或消失,两翅后端合为圆形。后足胫节端部有1长刺,腹管外露。卵椭圆形,长0.6毫米,初棕黄色,表面具网状纹。

图54-1 双斑长跗萤叶甲成虫

图54-2 双斑长跗萤叶甲幼虫

图54-3 双斑长跗萤叶甲成虫为害状

**防治方法**

1. 及时铲除田边、地埂、沟边杂草,秋季耕翻灭卵。
2. 药剂防治。见马铃薯二十八星瓢虫。
3. 在田地边种植小麦,苜蓿等,吸引益虫入田。注意保护利用瓢虫、蜘蛛等天敌。

## 55. 草地螟

**学名**

草地螟（*Loxostege stieticatis* Linnaeus），鳞翅目螟蛾科。

**为害特征**

初孵幼虫取食叶肉，残留表皮，长大后可将叶片吃成缺刻或仅留叶脉，使叶片呈网状。

**形态特征**

成虫体长8~12毫米，翅展24~26毫米，体、翅灰褐色，前翅有暗褐色斑，翅外缘有淡黄色条纹，中室内有一个较大的长方形黄白色斑，后翅灰色，近翅基部较淡，沿外缘有两条黑色平行的波纹。

**防治方法**

1. 严密监测虫情。发现低龄幼虫达到防止指标的田块，要立即组织开展防治。

2. 幼虫发生盛期可在田块四周挖沟，撒25%的敌百虫粉剂。

3. 草地螟食性杂，应及时清除田间杂草，可消灭部分虫源，秋耕或冬耕还可以消灭部分在土壤中越冬的老熟幼虫。

4. 药剂防治：

康宽（20%氯虫苯甲酰胺悬浮剂）10毫升/亩。

艾绿士（6%乙基多杀菌素悬浮剂）10~20毫升/亩。

功夫（2.5%高效氟氯氰菊酯水乳剂）20~30毫升/亩。

清灭（10%高效氯氰菊酯乳油）7~10毫升/亩。

灭百可（10%顺式氯氰菊酯乳油）5~10毫升/亩。

敌杀死（2.5%溴氰菊酯乳油）20~30毫升/亩。

好年冬（20%丁硫克百威乳油）30~50毫升/亩。

图55-1 草地螟成虫

图 55-2 草地螟成虫

图 55-3 草地螟幼虫

图55-4 草地螟蛹

图55-5 草地螟幼虫及为害马铃薯状

图55-6 草地螟幼虫及为害马铃薯状

### 56.马铃薯块茎蛾

**学名**

马铃薯块茎蛾[*Phthorimaea operculella* (Zeller)],又称马铃薯麦蛾、烟潜叶蛾等,鳞翅目麦蛾科。

**为害特征**

马铃薯块茎蛾能严重危害田间和仓储的马铃薯。在田间为害茎、叶片、嫩尖和叶芽,被害嫩尖、叶芽往往枯死,幼苗受害严重时会枯死。幼虫可潜食于叶片之内蛀食叶肉,仅留上下表皮,呈半透明状。其田间为害可使产量减产20~30%。在马铃薯贮存期为害薯块更为严重,在4个月左右的马铃薯储藏期为害率可达100%,幼虫为害块茎时,从芽眼附近钻入肉内,粪便排在洞外。

**形态特征**

成蛾体长约5~6毫米,翅展约14~16毫米,雌成虫体长约5.0~6.2毫米,雄成虫体长5.0~5.6毫米。灰褐色,稍带银灰光泽。触角丝状。下唇须3节,向上弯曲超过头顶,第一节短小,第二节下方被覆疏松、较宽的鳞片,第三节长度接近第二节,但尖细。前翅狭长,鳞片黄褐色或灰褐色,翅尖略向下弯,臀角钝圆,前缘及翅尖色较深,翅中央有4~5个黑褐色斑点。雌虫翅臀区有显著的黑褐色大斑纹,两翅合并时形成一长斑纹。雄虫翅臀区无此黑斑,有4个黑褐色鳞片组成的斑点;后翅前缘基部具有一束长毛,翅缰一根。雌虫翅缰3根。雄虫腹部外表可见8节,第七节前缘两侧背方各生一丛黄白色的长毛,毛从尖端向内弯曲。

卵椭圆形,微透明,长约0.5毫米,初产时乳白色,微透明且带白色光泽,孵化前变黑褐色,带紫蓝色光亮。

幼虫空腹幼虫体乳黄色,为害叶片后呈绿色。末龄幼虫体长约11~13毫米,头部棕褐色,每侧各有单眼6个,胸节微红,前胸背板及胸足黑褐色,臀板淡黄。腹足趾钩双序环形,臀足趾钩双序弧形。

蛹棕色,长约6~7毫米,宽约1.2~2.0毫米,臀棘短小而尖,向上弯曲,周围有刚毛8根,生殖孔为一细纵缝,雌虫位于第八腹节,雄虫位于第九腹节。蛹茧灰白色,长约10毫米。

图56-1 马铃薯块茎蛾成虫

图 56-2 马铃薯块茎蛾幼虫

图 56-3 马铃薯块茎蛾蛹

图56-4 马铃薯块茎蛾幼虫蛀茎状

图56-5 马铃薯块茎蛾为害叶片状

图56-6 马铃薯块茎蛾为害块茎状

**防治方法**

1. 不从有虫区调进马铃薯。

2. 在已发生块茎蛾地区通过采用适当的农业措施,特别是避免马铃薯和烟草相邻种植,可压低或减免为害。

3. 利用斯氏线虫防治马铃薯块茎蛾有良好效果,每个块茎蛾幼虫上的致病体120个以上时,3天内可使该幼虫死亡率达97.8%,从每蛾幼虫产生的有侵染力线虫的幼虫数最高达1.3万~1.7万个。

4. 药剂处理种薯。对有虫的种薯,用溴甲烷或二硫化碳熏蒸,也可用90%晶体敌百虫或25%喹硫磷乳油1000倍液喷种薯,晾干后再贮存。

5. 及时培土。在田间勿让薯块露出表土,以免被成虫产卵。

6. 药剂防治:可参考草地螟防治。

## 57. 大青叶蝉

**学名**

大青叶蝉[*Cicadella viridis*(Linnaeus)],属同翅目叶蝉科。

**为害特征**

该叶蝉可寄生苹果、桃、梨、粟(谷子)、玉米、水稻、马铃薯、大豆等160多种植物。成虫和若虫主要为害叶片,利用刺吸式口器吸取汁液,造成叶片褪色、畸形、卷缩,甚至全叶枯死。此外,其还可以传播病毒病,造成马铃薯病毒病的发生和扩展。

**形态特征**

雌虫体长9.4~10.1毫米,头宽2.4~2.7毫米;雄虫体长7.2~8.3毫米,头宽2.3~2.5毫米。头部正面淡褐色,两颊微青,在颊区近唇基缝处左右各有1小黑斑;触角窝上方、两单眼之间有1对黑斑。复眼绿色。前胸背板淡黄绿色,后半部深青绿色。小盾片淡黄绿色,中间横刻痕较短,不伸达边缘。前翅绿色带有青蓝色泽,前缘淡白,端部透明,翅脉为青黄色,具有狭窄的淡黑色边缘。后翅烟黑色,半透明。腹部背面蓝黑色,两侧及末节淡为橙黄带有烟黑色,胸、腹部腹面及足为橙黄色,附爪及后足胫节内侧细条纹、刺列的每一刻基部为黑色。

卵为白色微黄,长卵圆形,长1.6毫米,宽0.4毫米,中间微弯曲,一端稍细,表面光滑。

若虫初孵化时为白色,微带黄绿。头大腹小。复眼红色。之后体色渐变淡黄、浅灰或灰黑色。3龄后出现翅芽。老熟若虫体长6~7毫米,头冠部有2个黑斑,胸背及两侧有4条褐色纵纹直达腹端。

图 57-1 大青叶蝉成虫

图 57-2 大青叶蝉若虫

图57-3 大青叶蝉为害状

图57-4 大青叶蝉为害状

**防治方法**

1. 在成虫期利用灯光诱杀,可以大量消灭成虫,或在露水未平时,进行网捕。
2. 及时去除田周杂草和树木,消灭虫体的庇护所。
3. 在收获庄稼时,雌成虫转移至树木产卵,幼龄若虫转移到矮小植物上,虫口集中时,可以用如下农药防治。

阿立卡(22%噻虫·高氯氟微囊悬浮剂)5~10毫升/亩。

特福力(22%氟啶虫胺腈悬浮剂)10 克/亩。
英威(5%双丙环虫酯可分散液剂)10~16 毫升/亩。
好年冬(20%丁硫克百威乳油)30~50 毫升/亩。
莫比朗(20%啶虫脒可溶粉剂)5~10 克/亩。

## 58. 蓟马

**学名**

蓟马(Thripidae),缨翅目蓟马科。

**为害特征**

蓟马以成虫和若虫锉吸植株幼嫩组织,嫩叶受害后使叶片变薄,叶片中脉两侧出现灰白色或灰褐色条斑,表皮呈灰褐色,出现变形、卷曲,生长势弱。有些种类如烟蓟马(Thrips tabaci)可传播番茄斑萎病毒(TSWV),严重为害番茄、烟草、莴苣、菠萝、马铃薯等经济作物。

**形态特征**

虫体呈黑色、褐色或黄色;头略呈后口式,口器锉吸式;触角 6~9 节,线状,略呈念珠状,一些节上有感觉器;翅狭长,边缘有长而整齐的缘毛,脉纹最多有两条纵脉;足的末端有泡状的中垫,爪退化;雌性腹部末端圆锥形,腹面有锯齿状产卵器,或呈圆柱形,无产卵器。

触角 5~9 节,节Ⅲ-Ⅳ感觉锥叉状或者简单;下颚须 2~3 节,下唇须 2 节;翅较窄,端部较窄尖,常略弯曲,有 2 根或者 1 根纵脉,少缺,横脉常退化;锯状产卵器腹向弯曲。

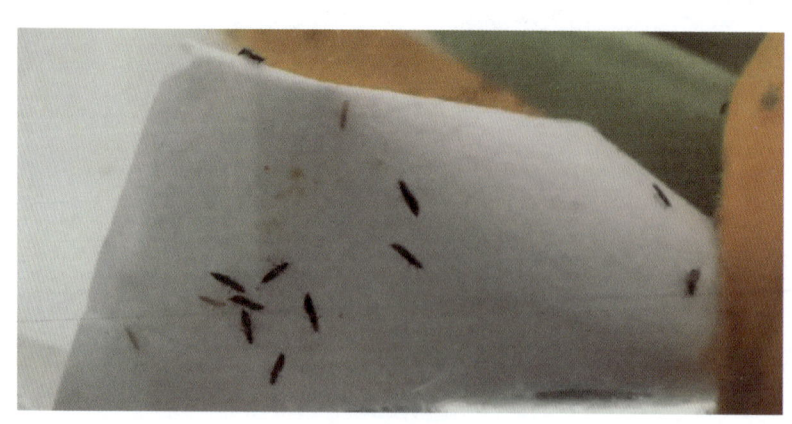

图 58-1 蓟马

图58-2 蓟马成虫

图58-3 蓟马为害马铃薯症状

图58-4 蓟马为害马铃薯症状

图58-5 蓟马为害马铃薯症状

**防治方法**

1. 早春清除田园,去除田间杂草和残体,集中烧毁或深埋。

2. 加强肥水管理,增施有机肥。

3. 利用蓟马趋蓝色、黄色的习性,在田间设置蓝色粘板,诱杀成虫。

4. 化学防治:

艾绿士(6%乙基多杀菌素悬浮剂)20~30毫升/亩。

康宽(20%氯虫苯甲酰胺悬浮剂)20~30毫升/亩。

阿立卡(22%噻虫·高氯氟微囊悬浮剂)15~30毫升/亩。

特福力(22%氟啶虫胺腈悬浮剂)20~30毫升/亩。

英威(5%双丙环虫酯可分散液剂)20~30毫升/亩。

好年冬(20%丁硫克百威乳油)30~50毫升/亩。

莫比朗(20%啶虫脒可溶粉剂)10~20克/亩。

阿克泰(25%噻虫嗪水分散粒剂)20~30克/亩。

## 59. 种蝇

**学名**

种蝇(*Delia platura*),双翅目花蝇科。

**为害特征**

幼虫蛀食种子或幼苗的地下组织,引致植株苗期腐烂死亡。种蝇又名灰地种蝇、根蛆、地蛆,以幼虫在土中为害播下的蔬菜种子,取食胚乳或子叶,引起种芽畸形、腐烂而不能出苗;钻食植物根部,引起根茎腐烂或全株枯死。

**形态特征**

成虫体长4~6毫米,雄虫稍小,体色呈暗黄或暗褐色,两复眼几乎相连,触角黑色,胸部背面具黑纵纹3条,前翅基背鬃长度不及盾间沟后的背中鬃之半,后足胫节内下方具1列稠密末端弯曲的短毛;腹部背面中央具黑纵纹1条,各腹节间有1黑色横纹。雌虫呈灰色至黄色,两复眼间距为头宽1/3;前翅基背鬃同雄蝇,后足胫节无雄蝇的特征,中足胫节外上方具刚毛1根;腹背中央纵纹不明显。卵长约1毫米,长椭圆形,稍弯,乳白色,表面具网纹。幼虫蛆形,体长7~8毫米,乳白而稍带浅黄色;尾节具肉质突起7对,1~2对等高,5~6对等长。蛹长4~5毫米,红褐或黄褐色,椭圆形,腹末7对突起可辩。

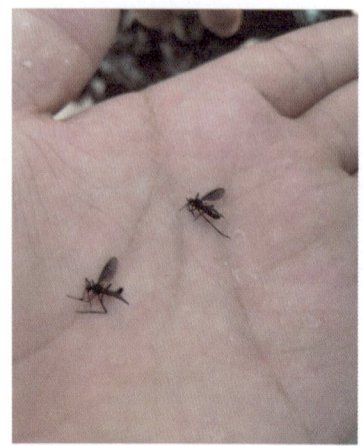

图 59-1 种蝇成虫

图 59-2 种蝇幼虫

图 59-3 种蝇虫卵

图 59-4 种蝇为害状

图 59-5 种蝇为害状

图 59-6 种蝇为害状

图59-7 种蝇为害状

**防治方法**

1. 施用充分腐熟的有机肥,防止成虫产卵。

2. 成虫产卵高峰及地蛆孵化盛期及时防治,采用诱杀成虫法。诱剂配方:糖1份、醋1份、水2.5份,加少量辛硫磷拌匀。诱蝇器用大碗,先放少量锯末,然后倒入诱剂加盖,每天在成蝇活动时开盖,及时检查诱杀数量,并注意添补诱杀剂。

3. 种薯包衣:用锐胜350或高巧16~20毫升,或路明卫4~8毫升加水1.5升拌100公斤种薯。

4. 沟施:

锐胜(70%噻虫嗪种衣剂)25~30毫升/亩。

锐胜350(30%噻虫嗪悬浮种衣剂)50~60毫升/亩。

高巧(60%吡虫啉悬浮种衣剂)50毫升/亩。

路明卫(50%氯虫苯甲酰胺悬浮种衣剂)10毫升/亩。

亮探(24%氟酰胺·嘧菌酯·噻虫嗪悬浮种衣剂)100~120毫升/亩。

5. 在成虫发生期,可使用敌杀死(2.5%溴氰菊酯乳油)20~30毫升/亩或2.5%高效氟氯氰菊酯水乳剂20~30毫升/亩或80%敌敌畏乳油30~50毫升/亩,施药间隔7天,连续防治2~3次。

6. 幼虫钻入幼苗根部时,可用40%辛硫磷乳油500毫升/亩或乐斯本(48%毒死蜱乳油)200~300毫升/亩或好年冬(20%丁硫克百威)200~300毫升/亩灌根。

7. 土壤处理可用50%辛硫磷乳油200~250克/亩,稀释10倍喷于25~30公斤细土拌匀,顺垄条施,随后浅锄或以同样用量的毒土撒于种沟或地面,随即耕翻,或混入厩肥中施用;还可用5%毒死蜱颗粒剂、5%辛硫磷颗粒剂2.5~3公斤/亩处理土壤;用25%~50%辛硫磷胶囊剂150~200克/亩拌谷子等饵料5公斤左右或50%辛硫磷乳油50~100克拌饵料3~4公斤,撒于种沟中。

# 第三章 马铃薯杂草

## 第一节 一年生禾本科杂草

### 60. 狗尾草

图 60-1 狗尾草幼苗

图 60-2 狗尾草成株

图 60-3 狗尾草花序

**61. 稗草**

图61-1 稗草幼苗

图61-2 稗草花序

**62. 小画眉草**

图62-1 小画眉草

图62-2 小画眉草花序

### 63. 野黍

图 63-1 野黍幼苗

图 63-2 野黍花序

### 64. 野燕麦

图 64-1 野燕麦幼苗

图 64-2 野燕麦花序

## 65. 马唐

图65 马唐幼苗

## 第二节 多年生禾本科杂草

### 66. 芦草

### 67. 白茅

图66 芦草

图67 白茅

**68. 赖草**

图68 赖草

## 第三节 一年生阔叶杂草

**69. 藜**

图69-1 藜　　　　　　　　　图69-2 藜

**70. 反枝苋**

图70-1 反枝苋幼苗　　图70-2 反枝苋花序

**71. 马齿苋**

图71 马齿苋

## 72. 卷茎蓼

图72-1 卷茎蓼幼苗

图72-2 卷茎蓼成株

## 73. 蒺藜

图73 蒺藜

## 74. 苍耳

图 74　苍耳

## 75. 龙葵

图 75-1　龙葵

图 75-2　龙葵果实

图75-3 龙葵成株

## 76. 野荞麦

图76 野荞麦

## 77. 萹蓄

图77-1 萹蓄

图77-2 萹蓄花序

## 第四节 多年生阔叶杂草

### 78. 苣荬菜

图78 苣荬菜

## 79. 田旋花

图 79 田旋花

## 80. 打碗花

图 80-1 打碗花　　　　图 80-2 打碗花

图80-3 打碗花

## 第五节 马铃薯杂草防除

**化学除草技术**

(1)禾本科杂草为主的马铃薯田的土壤处理

田普(450克/升二甲戊灵微囊悬浮剂):为选择性内吸传导型土壤处理剂,播后苗前或中耕培土后马上用药,每亩用180~200毫升,对水40~50公斤均匀喷雾土表,可以有效地防除一年生禾本科杂草及部分阔叶杂草,如稗草、马唐、狗尾草、早熟禾、看麦娘、马齿苋、藜、蓼等。使用时注意:第一,如遇干旱,应混土3~5厘米,以提高防除效果。第二,准确掌握用药量,力求喷洒均匀。第三,整地要细,整地不细,土块中杂草种子接触不到药剂,遭雨土块散开仍能出草。第四,喷施后立即覆水有利于发挥药效。

金都尔(96%精异丙甲草胺乳油):选择性芽前土壤处理剂。播后苗前、杂草出苗前用药,每亩用96%金都尔乳油60~120毫升兑水60公斤均匀喷雾地表。能有效防除稗草、牛筋草、马唐、狗尾草、苋、藜、马齿苋等一年生禾本科杂草及部分阔叶杂草。

(2)禾本科杂草为主马铃薯田的茎叶处理

高效盖草能(10.8%高效氟吡甲禾灵乳油)：为选择性内吸传导型茎叶处理剂。一年生禾本科杂草3~6叶期,每亩用10.8%高效盖草能乳油50~60毫升,兑水40~50公斤均匀喷雾杂草茎叶。以多年生禾本科杂草为主,在生长旺盛期,每亩用10.8%高效盖草能乳油80~100毫升兑水40~60公斤均匀喷雾杂草茎叶,可有效防除稗草、千金子、马唐、狗尾草、看麦娘、硬草、棒头草、狗牙草、芦草等禾本科杂草,对阔叶杂草和莎草科杂草无效。使用时注意：第一,喷雾要均匀周到,并保持施药后3小时内无雨,以免影响药效。第二,对禾本科作物敏感,勿喷到邻近水稻、麦子、玉米等禾本科作物上,以免产生药害。

精稳杀得(15%精吡氟禾草灵乳油)：为选择性内吸传导型茎叶处理剂。一年生禾本科杂草2~5叶期,每亩用15%精稳杀得乳油60~80毫升,兑水40~60公斤均匀喷雾杂草茎叶。以多年生禾本科杂草为主,在生长旺盛期,每亩用15%精稳杀得乳油80~120毫升,兑水40~60公斤均匀喷雾杂草茎叶,能防除看麦娘、硬草、千金子、马唐、牛筋草、狗尾草、棒头草、芦草等禾本科杂草,对阔叶杂草和莎草科杂草无效。使用时注意：喷雾要均匀周到,保证药效充分发挥。精稳杀得对禾本科作物敏感,切勿喷到邻近水稻、麦子、玉米等禾本科作物上,以免产生药害。

(3)阔叶草为主的马铃薯田的杂草防除

嗪草酮(70%嗪草酮可湿性粉剂)：为选择性内吸传导型土壤处理剂。播后苗前用药,每亩用70%嗪草酮50~60克防除多种阔叶杂草和某些禾本科杂草,如藜、蓼、马齿苋、苦荬菜、繁缕、萹蓄、苍耳、稗草、狗尾草等。使用时应注意：施药后遇有较大降雨或大水漫灌,易产生药害。

排草丹(48%灭草松乳油)：属选择性触杀型及轻微内吸性除草剂,主要防除苍耳、反枝苋、凹头苋、刺苋、蒿属、刺儿菜、大蓟、狼把草、鬼针草、酸模叶蓼、柳叶刺蓼、节蓼、马齿苋、猪殃殃、辣子草、猪毛菜、刺黄花稔、苣荬菜、繁缕、曼陀罗、藜、小藜、龙葵、鸭跖草(1~2叶期效果好,3叶期以后药效明显下降)、豚草、荠菜、遏蓝菜、旋花属、芥菜、苘麻、野芥、芸薹属等多种阔叶杂草。马铃薯苗期,阔叶杂草2~5叶期(一般株高5厘米左右)施药,施药量150~200毫升/亩兑水30~45千克均匀喷雾。土壤水分、空气湿度适宜、杂草苗小情况下用低剂量；干旱、杂草大或多年生阔叶杂草多时用高剂量。微型薯田慎用。

(4)禾本科杂草和阔叶杂草混生马铃薯田的杂草防除

每亩地用"田普"(45%的二甲戊灵微胶囊剂)200毫升或"金都尔"(96%精异丙甲草胺乳油)70毫升+75%嗪草酮水分散粒剂30g进行土壤封闭处理。如没有进行土壤

封闭处理的田块,田间杂草较多,可进行苗后茎叶处理:

1)高效盖草能(108克/升高效氟吡甲禾灵乳油)50毫升+排草丹(480克/升灭草松水剂)120毫升。

2)高效盖草能(108克/升高效氟吡甲禾灵乳油)50毫升+宝成(25%砜嘧磺隆水分散粒剂)5克。

3)富薯(23.2%精喹·砜嘧磺隆·嗪草酮可分散油悬浮剂)70~85毫升。

**农业防除措施**

(1)轮作:通过轮作降低伴生性杂草的密度,改变田间优势杂草群落,降低田间杂草种群数量。

(2)耕翻:土壤通过多次耕翻后,苦荬菜等多年生杂草被翻埋在地下,使杂草逐渐减少或长势衰退,从而使其生长受到抑制,达到除草目的。

(3)中耕培土:这项措施不仅除草,还有深松、贮水保墒等作用。如对露地马铃薯中耕一般在苗高10厘米左右进行第一次,第二次在封垄前完成,能有效地防除小蓟、牛繁缕、稗草、反枝苋等杂草。

(4)人工除草:适于小面积或大草拔除。

(5)物理方法除草:如利用有色地膜如黑色膜、绿色膜等覆盖具有一定的抑草作用。

# 第四章　马铃薯肥害及其他

**81. 倒春寒**

图81　倒春寒危害

**82. 大量元素过量**

图82-1　大量元素过量　　图82-2　大量元素过量

图82-3 大量元素过量　　图82-4 大量元素过量

**83. 氮肥烧根**

图83 氮肥烧根

## 84. 侧枝萎蔫

图84 马铃薯初生根接触化肥引起相应侧枝萎蔫

## 85. 顶枝萎蔫

图85 水溶性肥溶解性差造成的肥害（顶枝萎蔫）

## 86. 氨气灼伤

图86-1 氨气灼伤

图86-2 氨气灼伤叶正面症状　　图86-3 氨气灼伤叶背面症状

## 87. 2,4-D丁酯药害

图87-1 2,4-D丁酯药害

图87-2 2,4-D丁酯药害

图87-3 2,4-D丁酯药害

## 88. 嗪草酮药害

图 88-1 嗪草酮药害

图 88-2 嗪草酮药害

## 89. 百草枯药害

图89-1 百草枯药害

图89-2 百草枯药害

## 90. 伪劣砜嘧磺隆药害

图90-1 伪劣砜嘧磺隆药害

图90-2 伪劣砜嘧磺隆药害

## 91. 莠去津残留药害

图91 莠去津残留药害

## 92. 草铵膦药害

## 93. 二氯喹啉酸残留药害

图92 草铵膦药害

图93 二氯喹啉酸残留药害

## 94. 氟磺胺草醚残留药害

图94-1 氟磺胺草醚残留药害

图94-2 氟磺胺草醚残留药害

图94-3 氟磺胺草醚残留药害

**95. 砜喹嗪草酮药害**

图 95-1 砜喹嗪草酮药害

图 95-2 砜喹嗪草酮药害

图 95-3 砜喹嗪草酮药害

图 95-4 砜喹嗪草酮药害

## 96.甜菜除草剂残留药害

图96-1 甜菜除草剂残留药害

图96-2 甜菜除草剂残留药害

图96-3 甜菜除草剂残留药害

图96-4 甜菜除草剂残留药害

图96-5 甜菜除草剂残留药害　　图96-6 甜菜除草剂残留药害

**97. 冰雹**

图97-1 冰雹危害

图97-2 冰雹危害

图 97-3 冰雹危害

## 98. 激素药害

图 98-1 激素拌种药害

图98-2 激素拌种药害

## 99. 夏坡地低温障碍

图99 夏坡地低温障碍(匍匐茎短、结薯小而多)

## 100. 雷击

图 100-1 雷击

图 100-2 雷击

## 101. 日灼

图 101-1 日灼

图 101-2 日灼

图 101-3 日灼

## 102. 苯达松药害

图102-1 苯达松过量药害

图102-2 苯达松过量药害

图102-3 劣质苯达松药害

## 国家农业部药检所部分马铃薯登记农药名录

| 产品名称 | 成分及含量 | | 登记证号 | 登记及生产厂家 | 防治对象 | 推荐用量 |
|---|---|---|---|---|---|---|
| | 主要成分 | 含量 | | 生产厂家 | | |
| 适乐时 | 咯菌腈 | 25g/L | PD20050196 | 先正达 | 干腐病 | 100~200ml/100kg 种薯处理 |
| 锐根土 | 氟环菌环胺 | 4% | PD20172174 | 先正达 | 黑痣病 | 30~70ml/100kg 种薯 |
| | 咯菌腈 | 4% | | | | |
| 阿马士 | 氟唑菌苯胺 | 22% | LS20150048 | 拜耳 | 黑痣病 | 20~80ml/亩 |
| 阿米西达 | 嘧菌酯 | 250g/L | PD20060033 | 先正达 | 黑痣病 | 30~50ml/亩 |
| 亮探 | 噻虫嗪 | 16% | PD20200205 | 江阴苏利 | 金针虫 | 160~200ml/100kg 种薯处理 |
| | 氟酰胺 | 4% | | | 黑痣病 | |
| | 嘧菌酯 | 4% | | | | |
| 满穗/稻康瑞 | 噻呋酰胺 | 240g/L | PD20070127 | 日产/陶氏 | 黑痣病 | 70~120ml/亩 |
| 金大生 | 代森锰锌 | 80% | PD20070192 | 陶氏 | 保护 | 120~180g/亩 |
| 绿大生 | 代森锰锌 | 80% | PD220-97 | 陶氏 | 保护 | 120~180g/亩 |
| 好迪施（杀菌剂） | 百菌清 | 75% | PD20110357 | 先正达 | 早疫病 | 178~267g/亩 |

| | 产品名称 | 成分及含量 | | 登记证及生产厂家 | | 防治对象 | 推荐用量 |
|---|---|---|---|---|---|---|---|
| | | 主要成分 | 含量 | 登记证号 | 生产厂家 | | |
| 杀菌剂 | 喜试 | 苯醚甲环唑 | 4% | PD20171416 | 先正达 | 早疫病 | 120~160ml/亩 |
| | 金雷 | 百菌清 | 40% | PD20080846 | 先正达 | 晚疫病 | 100~120g/亩 |
| | | 精甲霜灵 | 4% | | | | |
| | | 代森锰锌 | 64% | | | | |
| | 农利 | 氟咯胺 | 500g/L | PD20141977 | 先正达 | 晚疫病 | 150~250ml/公顷 |
| | 瑞凡 | 双炔酰菌胺 | 23.40% | PD20102139 | 先正达 | 晚疫病 | 20~40ml/亩 |
| | 阿米妙收 | 苯甲嘧菌酯 | 325g/L | PD20110357 | 先正达 | 黑痣病 | 70~110ml/亩 |
| | 抑块净 | 噁唑菌酮 | 22.50% | PD20060008 | 杜邦 | 晚疫病 | 30~40g/亩 |
| | | 霜脲氰 | 30% | | | | |
| | 可杀得3000 | 氢氧化铜 | 46% | PD20110053 | 杜邦 | 黑胫、环腐 | 25~30g/亩 |
| | 克露 | 代森锰锌 | 64% | PD20060023 | 杜邦 | 晚疫病 | 107~150g/亩 |
| | | 霜脲氰 | 8% | | | | |
| | 增威赢绿 | 氟噻唑吡乙酮 | 10% | PD20160340 | 杜邦 | 晚疫病 | 13~20ml/亩 |

| 产品名称 | 成分及含量 | | 登记证及生产厂家 | | 防治对象 | 推荐用量 |
|---|---|---|---|---|---|---|
| | 主要成分 | 含量 | 登记证证号 | 生产厂家 | | |
| 杀菌剂 增威赢倍 | 啶唑菌酮 | 28.2% | PD20183620 | 杜邦 | 早疫病 晚疫病 | 27~33ml/亩 |
| | 氟嗪唑吡乙酮 | 2.8% | | | | |
| 健达 | 吡唑醚菌酯 | 21.2% | PD20160350 | 巴斯夫 | 早疫病, 黑痣病 | 10~20ml/亩 |
| | 氟唑菌胺 | 21.2% | | | | 30~40ml/亩 |
| 德劲 | 烯酰吗啉 | 20% | PD20171168 | 巴斯夫 | 晚疫病 | 50~60ml/亩 |
| | 唑嘧菌胺 | 27% | | | | |
| 凯特 | 吡唑醚菌酯 | 6.70% | PD20093402 | 巴斯夫 | 晚疫病 | 75~125g/亩 |
| | 烯酰吗啉 | 12.00% | | | | |
| 凯泽 | 咪唑菌胺 | 50% | PD20081106 | 巴斯夫 | 早疫病 | 20~30g/亩 |
| 百泰 | 吡唑醚菌酯 | 5% | PD20080506 | 巴斯夫 | 早晚疫 | 40~60g/亩 |
| | 代森联 | 55% | | | | |
| 富多宝 | 代森联 | 44% | LS20160149 | 巴斯夫 | 晚疫病 | 180~200ml/亩 |
| | 烯酰吗啉 | 9% | | | | |
| 安泰生 | 丙森锌 | 70% | PD20050912 | 拜耳 | 保护 | 150~200g/亩 |
| 拿敌稳 | 肟菌 | 50% | PD20102160 | 拜耳 | 早疫病 | 10~15g/亩 |
| | 戊唑醇 | 25% | | | | |

| 产品名称 | 主要成分 | 成分及含量 含量 | 登记证号 | 登记证及生产厂家 生产厂家 | 防治对象 | 推荐用量 |
|---|---|---|---|---|---|---|
| 银法利 | 霜霉威盐酸盐 | 625g/L | PD20120373 | 拜耳 | 晚疫病 | 60~75ml/亩 |
| | 氟吡菌胺 | 62.5g/L | | | | |
| 科佳 | 氰霜唑 | 100g/L | PD20050191 | 日本石原 | 晚疫病 | 32~40g/亩 |
| 福帅得 | 氟啶胺 | 500g/L | PD20080180 | 日本石原 | 早晚疫病 | 25~35g/亩 |
| 邦超 | 烯酰吗啉 | 72% | PD20181272 | 安道麦 | 晚疫病 | 360~450g/公顷 |
| | 嘧霉酮 | 8% | | | | |
| 双美清 | 吲唑磺菌胺 | 18% | LS20160085 | 日产化学 | 晚疫病 | 40~80g/公顷 |
| 图库 | 百菌清 | 40% | PD20140064 | 江阴苏利 | 晚疫病 | 40~60ml/亩 |
| | 嘧菌酯 | 8% | | | | |
| 艾普望 | 烯酰吗啉 | 20% | PD20180462 | 江阴苏利 | 晚疫病 | 40~50ml/亩 |
| | 氟啶胺 | 20% | | | | |
| 艾斯它 | 百菌清 | 40% | PD20083249 | 江阴苏利 | 晚疫病 | 125~175ml/亩 |
| | 嘧菌酯 | 10% | | | | |
| 普菲达 | 霜脲氰 | 50% | PD20142241 | 世科姆 | 晚疫病 | 40~60g/亩 |
| | 噻呋酰胺 | 20% | | | | |
| 冠龙倍能 | 嘧菌酯 | 25% | | 河北冠龙 | 黑痣病 | 40~60ml/亩 |
| 优百果 | 吡唑嘧菌酯 | 5% | | 河北冠龙 | 晚疫病 | 60~80g/亩 |
| | 代森联 | 55% | | | | |

| 产品名称 | 成分及含量 | | 登记证及生产厂家 | | 防治对象 | 推荐用量 |
|---|---|---|---|---|---|---|
| | 主要成分 | 含量 | 登记证号 | 生产厂家 | | |
| 锐胜 | 噻虫嗪 | 70% | PD20060002 | 先正达 | 地下害虫 | 10~40g/100kg种薯 |
| 锐胜350 | 噻虫嗪 | 30% | PD20160110 | 先正达 | 地下害虫 | 40~80ml/100kg种薯 |
| 阿立卡 | 噻虫高氯氟 | 22% | PD20141622 | 先正达 | 蚜虫 | 5~10ml/亩 |
| 功夫 | 高效氯氟氰菊酯 | 2.50% | PD20095231 | 先正达 | 斑蝥 | 12~17ml/亩 |
| 顶峰 | 吡蚜酮 | 50% | PD20094118 | 先正达 | 蚜虫 | 20~30g/亩 |
| 阿克泰 | 噻虫嗪 | 25% | PD20060003 | 先正达 | 蚜虫 | 8~15g/亩 |
| 高巧 | 吡虫啉 | 600g/L | PD20121181 | 拜耳 | 地下害虫 | 24~30g/100kg种薯 |
| 隆施 | 氟啶虫酰胺 | 10% | PD20110324 | 日本石原 | 蚜虫 | 35~50g/亩 |
| 福气多 | 噻唑膦 | 10% | PD20050145 | 日本石原 | 根结线虫 | 150~200g/亩 |

杀虫剂

| | 成分及含量 | | 登记证及生产厂家 | | 防治对象 | 推荐用量 |
|---|---|---|---|---|---|---|
| 产品名称 | 主要成分 | 含量 | 登记证号 | 生产厂家 | | |
| 宝成 | 砜嘧磺隆 | 25% | PD20040019F040141 | 杜邦 | 阔叶 | 5.5~6g/亩 |
| 稻思达 | 丙炔噁草酮 | 80% | PD20070611 | 拜耳 | 阔叶 | 15~18g/亩 |
| 立收谷 | 敌草快 | 200g/L | PD20121931 | 先正达 | 杀秧 | 200~250ml/亩 |
| 金都尔 | 精异丙草胺 | 960g/L | PD20050187 | 先正达 | 禾本科 | 52.5~65ml/亩 |
| 盖草能 | 高效氟吡甲禾灵 | 108g/L | PD215-97 | 陶氏 | 禾本科 | 35~50g/亩 |
| 排草丹 | 灭草松 | 48% | PD37-87 | 巴斯夫 | 阔叶 | 150~200ml/亩 |
| 富薯 | 砜嘧嗪草酮 | 23.2% | PD20131451 | 大连松辽 | 禾阔 | 60~75g/亩 |
| 田普 | 二甲戊灵 | 450g/L | PD20070456 | 巴斯夫 | 禾阔 | 110~145ml/亩 |
| 爱捷 | 噁草酸 | 10% | PD20184012 | 安道麦 | 禾本科 | 52.5~75g/公顷 |

除草剂